U0162778

中国科学院科普专项资助项目

太阳活动与人类

Solar activities and their impact on us

周团辉 著

 南京大学出版社

图书在版编目（CIP）数据

太阳活动与人类/周团辉著. —南京：南京大学出版社，2021.8

ISBN 978-7-305-24848-1

Ⅰ.①太… Ⅱ.①周… Ⅲ.①太阳活动—青少年读物 Ⅳ.①P182.9-49

中国版本图书馆CIP数据核字（2021）第161240号

出版发行 南京大学出版社
社　　址 南京市汉口路22号　　**邮　　编** 210093
出 版 人 金鑫荣

书　　名 **太阳活动与人类**
著　　者 周团辉
责任编辑 张婧妤

制　　版 南京紫藤制版印务中心
印　　刷 南京凯德印刷有限公司
开　　本 787×1092　1/16　印张 13.25　字数 230 千
版　　次 2021年8月第1版　2021年8月第1次印刷
书　　号 ISBN 978-7-305-24848-1
定　　价 68.00 元

网　　址 http://www.njupco.com
官方微博 http://weibo.com/njupco
官方微信 njupress
销售咨询 （025）83594756

目 录

第一章　太阳

一个民族有一群仰望星空的人，他们才有希望。

——黑格尔

牛郎星
天津四
织女星

图 1–1　夏季大三角和银河

宁静的夏夜，天空中繁星点点。当我们脚踏大地仰望星空，会发现一条璀璨的星河从天空横贯而过。在古代，西方把这条星河称为乳之路（Milky way），我国则称之为银河。“河边织女星，河畔牵牛郎”，再加上天鹅座的天津四，组成了著名的夏季大三角。这三颗亮星与银河是夏季星空最显眼的标志。如同地面上的河流到了冬季会有枯水期一样，冬夜的银河看起来要黯淡许多。这是因为地球所在的太阳系位于银河系猎户座旋臂的外侧。夏季时，地球正好处于太阳和银河中心之间，我们在夜晚看到的银河，更准确来说是壮丽的银河系主体；而到了冬季，地球公转到太阳的另一侧，此时我们看到的银河，只是银河系的外侧悬臂。

图 1–2　左：紫金山天文台盱眙观测站的夏夜星空；
右：银河系示意图

美丽的银河与凄美的故事伴随着一代代人的成长。一直到 1609 年，意大利科学家伽利略发明了天文望远镜。当他把望远镜对准天空，去探寻宇宙的奥秘，才认识到银河原来是由无数星辰组成的。整个银河系有两千多亿颗恒星！而我们熟悉的太阳只是这千亿颗恒星中普普通通的一颗。但对于我们来说，浩瀚的宇宙，亿万的恒星，都不如太阳重要！

人类自诞生之日起，就沐浴在阳光下，享受着太阳的光明和温暖。所以，我们遥望太阳，不曾停止过对太阳的想象和探索。虽然，太阳总是被一团炫目的光芒包围着，与地球之间也有遥远的距离，但我们人类仍然凭借聪明才智和不懈努力，卷起太阳的层层面纱，揭示了太阳的内在奥秘。在本书中，我们将踏上时光列车，追溯过去，与历史上的科学家们一起观察和研究太阳，学习他们坚持不懈的研究精神和坚定不移的科学态度。我们还将跟随现在的科学家，与他们一起利用现代化高科技望远镜，从地面到空间，从不同视角、利用多个波段、以前所未有的分辨率重新认识太阳！

这是一个寿命悠长却争分夺秒的太阳！

这是一个宁静平和又狂暴易怒的太阳！

第一节　祥和太阳——生命源泉

人类一切美好的东西都来自太阳之光。

——高尔基

太阳是无私的。

亿万年以来，太阳一直为我们地球供应绝对免费的光和热，我们地球才摆脱了黑暗和寒冷，有了光明和温暖。太阳还促进了地球上生命的诞生，是地球生命的源泉。

人类从“睁开眼睛”开始就意识到太阳的重要，对太阳顶礼膜拜。不管是神话传说还是文学作品里，都能找到关于太阳的故事。然而，“闲云潭影日悠悠，物换星移几度秋”，现代人享受着科技进步带来的便利，却不再像古人那样对天地充满敬畏，更心安理得地把太阳视作与生俱来的福利。但在浩瀚宇宙中，人类已知存在生命的星球只有地球，这并不是偶然。地球位于太阳系宜居带内，生存环境几近完美——无论是太阳的大小，还是日地之间距离，都恰到好处。

如果太阳体积更大点，随之带来的数量级增长的辐射会灼伤地球上的生命；如果太阳体积再小点，减少的光和热会使地球变成冰天雪地。日地距离“增之一分则太长，减之一分则太短”。如果靠得太近，像离太阳最近的水星，白天阳光直晒处温度甚至超过 400 摄氏度；而比地球远一些的火星，太阳直晒处温度却只有 35 摄氏度。地球与太阳之间恰当的大小比例，合适的距离，再加上大气层的保温作用，使地球表面有适宜的温度和液态水的存在，为地球生命的诞生和繁衍提供了必要条件。

图 1-3　太阳系示意图

大气层对地球非常重要，能够提供三重防护。大气层是地球厚厚的棉被，能防止热量散发，使地球昼夜温差不至于太大。而水星由于表层大气被太阳风吹散，失去了大气这层“棉被”的保护，夜晚的温度会骤降到零下 100 多摄氏度。大气层也是地球的智能宇航服，不但能通过吸收等作用抵御高能电磁辐射和各类高能粒子，阻止这些高能辐射伤害地球生命，还对生命需要的可见光等单独开了一个“绿色通道”，让阳光普照大地，万物生生不息。大气层还能保护地球免受一些天外来客——小行星——的偷袭。太空里有很多流浪小天体，它们受到地球引力扰动时，会高速撞向地球。这些小行星对地球的破坏力非常惊人！据科学家估算，一颗直径 140 米的小行星撞击地球时释放的能量，相当于 3 亿吨 TNT 炸药同时爆炸，杀伤力约等于 2 万颗广岛原子弹。曾经地球上的霸主——恐龙，它们最终完全灭绝，可能就是 6500 万年前一颗直径约 10 千米的小行星撞击地球导致的。当然，幸运的是，大部分的小行星个头都很小，而且大气层会与它们剧烈摩擦，使这些不请自来的“流浪汉”在撞击到地面前就燃烧殆尽，只给我们留下灿烂的烟火，这就是我们看到的流星。地球拥有大气层，也要归功于太阳。正是太阳促成了地球早期大气的形成，才有我们地球繁荣昌盛的今天。

图 1–4　英仙座流星雨

（南京天文爱好者协会　徐智坚　摄　拍摄地点：紫金山天文台盱眙观测站）

太阳还是我们人类维持生存必不可少的能量来源。植物吸收水分和二氧化碳，利用光合作用，把太阳光的辐射能转换成人类和其他生命必需的氧气和食物。

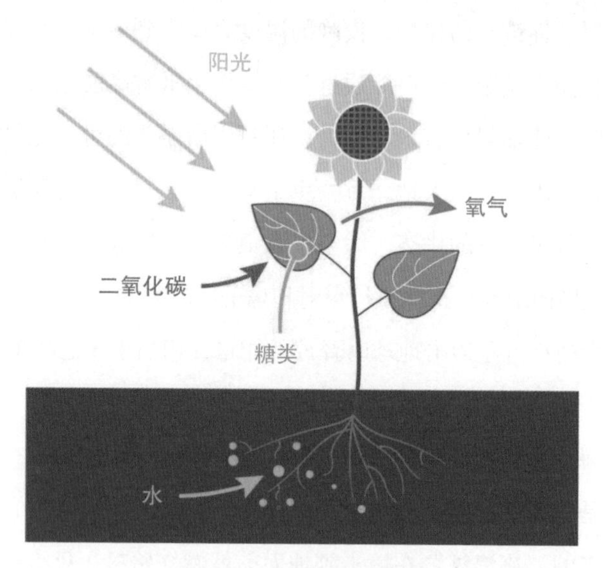

图 1–5　植物光合作用

我们常用的能源，也都与太阳有密不可分的关系。尤其是现代生活中离不开的电，除了原子能发电外，无论是燃烧煤的火力发电，还是风和水力发电，都是由太阳能量间接转化而来的。现在已经广泛使用的太阳能发电，更是直接利用太阳。太阳能发电对航空航天发展有更重大的意义，脱离了地球，阳光便成了卫星等人造航天器的唯一能量来源。

图 1–6　“悟空号”暗物质粒子探测卫星

第二节　暴躁太阳——毁“天”灭“地”

从古至今，我们享受着太阳的光明和温暖，赞叹着太阳的大度和无私。然而，地球上不止有风和日丽，偶尔也会有狂风暴雨，甚至会发生火山、地震和海啸等恶劣自然灾害，直接威胁到我们的生存。同样，太阳不仅是慈祥的“太阳公公”，有的时候他也会变得暴躁易怒。

作为太阳系的绝对王者，太阳直径是地球的109倍，重量是地球的33万倍。相比地球，太阳发起脾气来可不得了，他会释放出太阳风暴，卷起滔天巨浪！太阳风暴能一直喷发到地球，会破坏地球的空间环境，并极大地影响现代人类赖以生存的高科技系统。

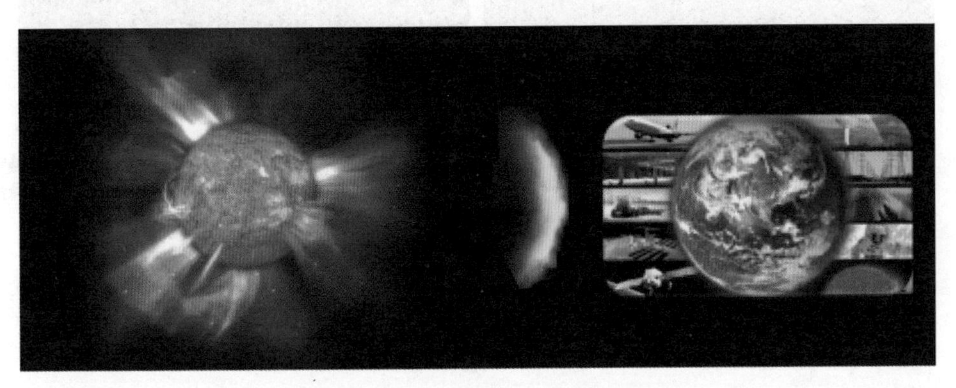

图1–7　太阳风暴影响地球示意图

让我们把时针回拨到1989年3月13日，加拿大北部地区电网在短时间内突然遭到破坏，整个魁北克省的供电系统陷入瘫痪（图1–8），造成的直接经济损失超过10亿美元。电网的崩溃让超过600万居民的家中停电，占当时加拿大总人口数的近四分之一。当时正值加拿大的严寒季节，电力系统的崩溃给当地人民生活带来了很大不便。在排查事故原因时，发现这次断电事件的元凶就是太阳风暴！

这次太阳风暴对地球的打击不止于加拿大。由于魁北克省的电网系统与美国东北部地区的电网是相连接的，美国新泽西州一座核电站的巨型变压器被烧毁，附属电力系统也受到破坏，可以说是“城门失火，殃及池鱼”。不但美洲大陆受到这次太阳风暴的袭击，瑞典、日本等国家的电力系统也受到不同程度的损害。这次太阳风暴还造成卫星提前陨落，低纬地区无线电通信中断，轮船、飞机的导航系统失灵，飞行物跟踪识别发生困难等各种灾难。

1989 年 3 月的这次太阳风暴对世界各国造成了巨大的经济损失，引起了国际

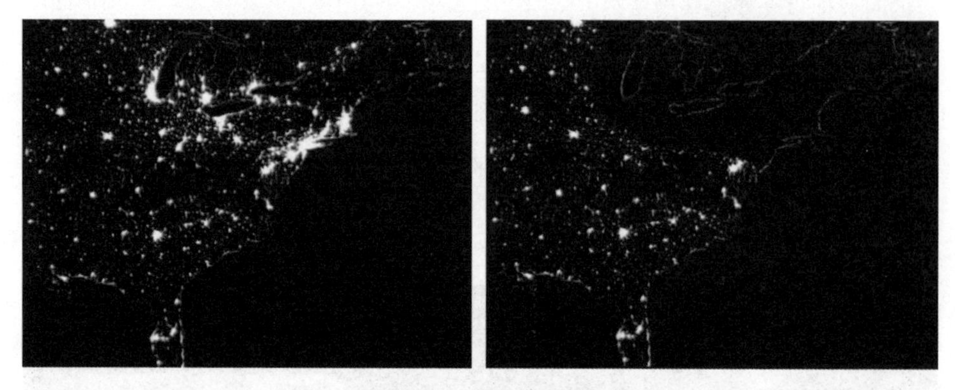

图 1–8　1989 年 3 月，太阳风暴造成加拿大东北部大断电
左图：断电前；右图：断电后。

社会的震惊，也真切地影响到了普通大众的生活。普通人也开始认识到太阳风暴和空间天气等并不只是科学家们关心的自然现象，而是与日常生活息息相关。这次事件之后，越来越多的太阳风暴及其对地球的影响被记录下来。尤其是在 2003 年 11 月，一次超强的太阳风暴袭击地球，让人们深深体验到了暴怒的太阳对地球的全方位影响。

每年的 11 月 1 日，是西方的传统节日——万圣节。这一天夜里，人们化装成各种“妖魔鬼怪”涌上街头。2003 年的万圣节期间（10 月 26 日~11 月 4 日），太阳也不甘寂寞，充当了一次“妖魔”的角色，结结实实给地球捣了一次乱。这

次太阳风暴事件也被称为“万圣节风暴”（图 1–9）。

根据美国宇航局与美国国家海洋和大气局空间环境中心的记录，“万圣节风暴”是太阳上连续爆发的一系列强爆发活动，致使欧美的 GOES、ACE、SOHO 和 WIND 等一系列科学研究卫星受到不同程度损害。全球卫星通讯也受到干扰，全球定位系统因此受到影响，定位精度出现了偏差，这也使航班等需要即时通讯和定位的交通系统遭到不同程度的瘫痪。

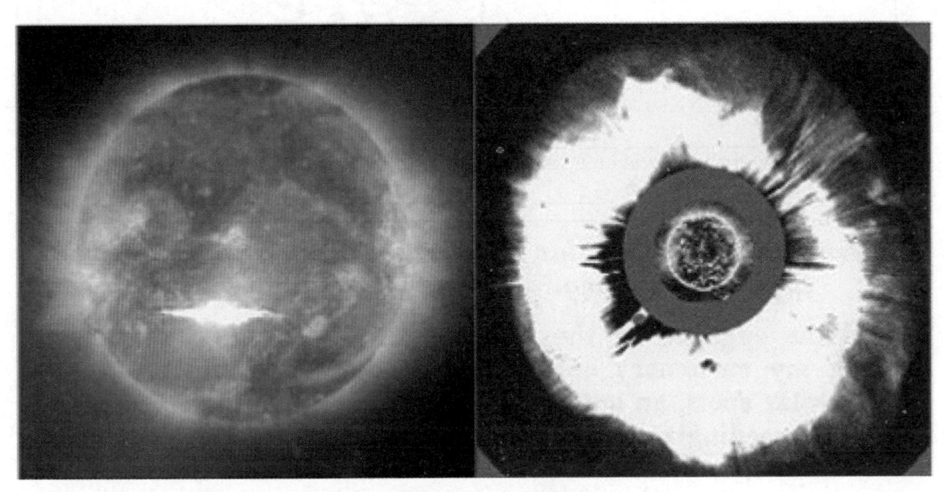

图 1–9　2003 年的“万圣节风暴”

左：太阳极紫外像，亮光位置标志着强耀斑爆发；右：强日冕物质抛射

如果一页页翻开历史书，会发现太阳风暴并不只在现代肆虐，对我们现代化生活造成影响，而早在 19 世纪时，太阳就曾经给了地球“一点颜色看看”。

1859 年 9 月 1 日，英国天文学家卡林顿像往常一样将望远镜对准太阳，准备在图纸上描画太阳黑子。当天，太阳上有一个结构复杂的黑子群。当卡林顿正在细致描绘黑子轮廓时，突然发现黑子群中闪现出两道极其明亮的月牙状亮斑。明亮的光芒仅维持了几分钟就很快消失了，卡林顿对此感到非常不解。原来，自从 1610 年伽利略利用自制的望远镜发现了太阳黑子，越来越多的天文学家或爱好者开始观测太阳黑子并进行记录，但 200 多年来从没有一次黑子记录提及过黑子群中会出现亮斑。

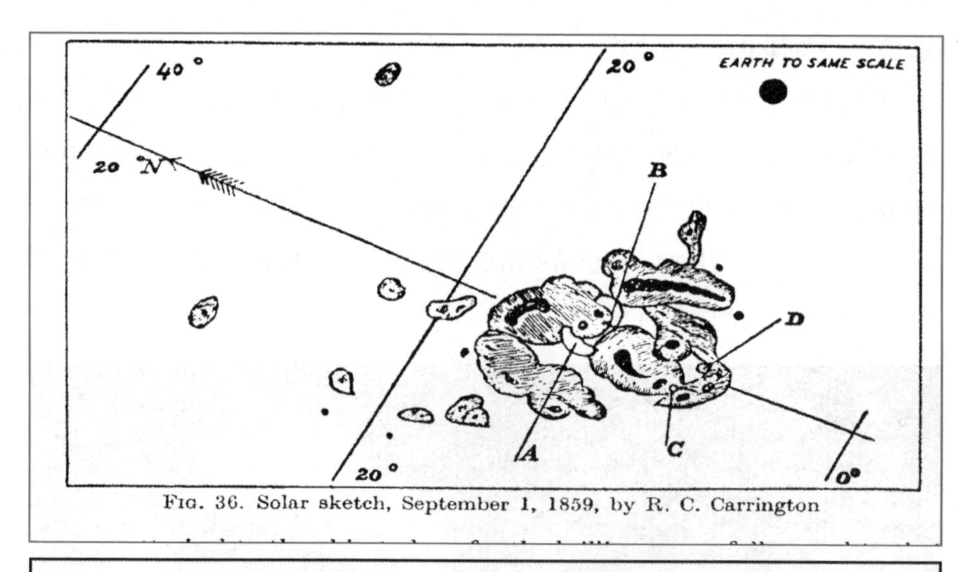

Fig. 36. Solar sketch, September 1, 1859, by R. C. Carrington

Description of a Singular Appearance seen in the Sun on September 1, 1859. **By R. C. Carrington, Esq.**

While engaged in the forenoon of Thursday, Sept. 1, in taking my customary observation of the forms and positions of the solar spots, an appearance was witnessed which I believe to be exceedingly rare. The image of the sun's disk was,

图 1–10　卡林顿和他的手绘黑子图及论文节选
（A、B 和 C、D 标志月牙状和点状的白光耀斑亮带）

卡林顿只是把太阳黑子群中突然出现亮斑的状况当作一次异常现象发表成论文，他并不知道太阳的这次异常现象其实就是太阳风暴的源头之一——耀斑！这是人类第一次观测到太阳耀斑，也是有记录以来最大的耀斑！

在当时，没有人意识到，这次太阳黑子的异常变化会造成全球性的影响。

在亮斑出现几小时后，格林尼治天文台和乔城天文台（国王天文台）都测量到了地磁场强度的剧烈变动。17 个半小时以后，地磁仪的指针因超强的地磁强度而超出了刻度范围，地球磁场发生了一次超级磁暴！在这天，法国、加拿大等国家都发生了电报机闪火花、电报员被电击伤、电线燃烧熔化等现象，甚至引起森林大火。“（加拿大）整个电报线路完全受到极光穿透的影响，电报台站间根本无法通讯，被迫在晚间关闭。”

这次太阳异常活动引起壮观的景象还有大规模极光。五颜六色的北极光从天空一直向南弥漫到北纬 25 度。法国、夏威夷等地的居民足不出户都可以看到夜空中灿烂的极光，古巴人民甚至能够在极光映照下读晨报。我国人民也看到了这次极光，清代地方志《栾城县志》（今河北省石家庄市栾城区）中，就记载了这次罕见的极光：

“清官咸丰九年……，秋八月癸卯夜，赤气起于西北，亘于东北，平明始灭。”

现在人们认为，1859 年的这次超级太阳风暴是有记录以来最猛烈的一次，比 1989 年和 2003 年的太阳风暴还要强！但相比于后两次，1859 年超级太阳风暴袭击地球造成的损失见诸报端的都是例如电报网被破坏、电线熔化等方面，在当时没有引起全球性的恐慌，反而是造成的极光更加有名，引人注目。而 1989 年 3 月的太阳风暴事件，虽然强度不及“卡林顿耀斑”事件的三分之一，却造成了巨大的经济损失，对整个社会产生了影响。

极光记录自古有之，也就是说太阳风暴在人类历史上是一直“肆虐”的，可为什么直到 1859 年，我们才真正认识到太阳风暴会侵袭地球？为什么我们科技越发达，反而比石器时代还脆弱？

19 世纪是电磁时代的开始，当时的社会生活还没有像现代这样高度依赖电磁科技。可以说，运用电和磁的能力不但改善了我们的生活，提高了我们的科技水平，还像一根隐形的触角，延伸了我们人类的感知，让我们能够触摸到宇宙中存在的电磁威胁。如果说小行星攻击地球是直接粗暴地撞击破坏，那太阳风暴袭击地球则隐秘得多，主要是破坏电磁系统，也就是我们的高科技系统。因此，中国科学院艾国祥院士称之为“电磁灾难”。

1859 年的超级太阳风暴袭击地球是一次极其特殊的事例。引起这次太阳风暴的“卡林顿耀斑”是几万年才发生一次的超级太阳耀斑，再加上这次太阳风暴本体（日冕物质抛射的核心）恰好正面冲击地球。这次太阳风暴事件可以说是一次“完美”的攻击。

科学家们预期，如果现在太阳上再爆发一次像1859年“卡林顿耀斑”这样规模的超级太阳风暴，后果将极其严重！它很可能会彻底摧毁现代化的基础设施，包括电力供应、无线电通讯、卫星通讯和电力传输等。

太阳风暴不会直接伤害地球上的生命，甚至无法吹跑我们头上的帽子，却能影响甚至破坏我们的生活，我们心中不免会冒出许多疑问：什么是太阳风暴？太阳为什么会刮起“风暴”？“风暴”都是在什么时候发生？“风暴”的频率有多高？“风暴”与太阳黑子有什么联系？能不能像预报地球天气一样来预警太阳“风暴”？这些问题，都迫切需要我们一一解答。在此之前，我们首先来了解一下太阳。

第二章　太阳探索之青铜时代

远古时代的一个晚上，野兽在大地上肆意猎杀，自然界危机四伏。人类祖先躲在山洞里瑟瑟发抖，他们期盼着太阳升起，阳光会驱散黑暗和恐惧，把光明和温暖带到人间。中外有很多关于太阳的神话传说，世界各地还有很多岩画、雕塑等，刻画出太阳光芒四射的形态。可以说，太阳是人类神话和不同地区民族特色文化的永恒主题。

第一节　最“准时”的钟表

时间的步伐有三种：未来姗姗来迟，现在像箭一样飞逝，过往永远静立不动。

——席勒

每一天，太阳都东升西落，亘古不变。如果我们稍加注意，就会发现一个物体影子的长短和方向也随太阳一起不断变化着。早晨的影子最长，随着太阳升高，影子逐渐变短；正午的时候，太阳到了头顶，影子最短；一过正午，又重新变长。影子的方向也在改变。早晨，影子指向西方，并逐渐往西北改变；到中午时指向正北；一过中午，影子的方向又开始往东方移动；傍晚的影子已经指向东方。

太阳或影子的变化，每天都在重复，古人发现了这个规律，并利用这个规律来测量时间。日晷就是利用一天里影子的变化发明出来的，可以说是世界上最早的钟表。在每年的春分至秋分之间，我们通过晷面正面上的刻度计时；而在秋分至来年春分期间，我们要用晷面反面上的刻度计时。

人类使用日晷的历史非常遥远，古巴比伦在6000年前就开始使用，我国周朝也使用日晷来计时。

图 2-1　上图：紫金山天文台地平式日晷；
下图：故宫赤道式日晷

根据晷面的摆放不同，日晷主要分为地平式和赤道式两种（图 2–1）。中国科学院紫金山天文台简仪上的日晷就是地平式日晷，地平式日晷的晷面保持水平，晷针指向北极星，与地轴平行，晷面和晷针之间的夹角则是当地的地理纬度。另一种经常见到是赤道式日晷，故宫内的日晷就是典型的赤道式日晷。赤道式日晷的晷针也是平行于地轴，指向北极星，但晷面平行于地球赤道面，与晷针垂直。所以，赤道式日晷是斜放在水平底座上的，亦称斜晷。与地平式日晷相比，赤道式日晷的两面都需要刻上刻度。在每年的春分到秋分期间，我们看朝上一面的晷影来计时，而从秋分到来年春分，我们改看日晷朝下的一面。

我们的祖先很早就开始仰望星空，发现群星表面上看起来分布得杂乱无章，实际上三五成群、错落有致，可以把群星划分成不同的组合。这些组合的形状，有的像日常使用的器具，有的像常见的动物，有的还可以与神话中的人、物等联系起来，这些组合就称之为“星座”。国际天文联合会在 1928 年将整个天空划分为 88 个星座。这些星座有许多是我们日常生活中经常提及的，比如黄道十二星座，还有包含北斗七星在内的大熊座、包含北极星的小熊座。而我们熟知的牛郎星位于天鹰座，织女星则是天琴座（图 2–2）。古代人们还发现绝大部分星星的相对位置固定不变，称为恒星，太阳在恒星间穿行。少数星星也在恒星间穿行，叫作行星。

图 2–2　天琴座、天鹰座和天鹅座

“白日依山尽，黄河入海流。”如果你在太阳刚落山时，仔细观察太阳落山位置处的天空，会发现太阳每天相对背景恒星向东移动，绕天空一周后又返回到“起点”的恒星位置，周而复始。“太阳神”非常固执，每年在天空背景所绕行的路径都是固定的，我们把这条路径叫作黄道。整个黄道恰好穿越十二个星座，这就是我们经常说的“黄道十二星座”。

每天太阳刚落到地平线下，天色微黑，出现在太阳消失位置的星座，就是“黄道十二星座”中的一个。太阳每年都会依次到“黄道十二星座”串门，在每个星座做客的时间基本是相等的，差不多是一个月。

古代时，农业生产非常重要。我国是农业大国，二十四节气就是我国古代农业文明高度发展的体现。“春雨惊春清谷天，夏满芒夏暑相连。秋处露秋寒霜降，

图 2–3　圭表

（现存于紫金山天文台。左：圭表；右上：夏至；右下：冬至）

冬雪雪冬小大寒。”二十四节气是我国古代劳动人民经过长期观察和研究，把天文和气象与生活结合起来所总结出来的规律。如果每天的时间是依靠太阳东升西落造成的影子方向变化来确定的，那二十四节气又是怎么确定的呢?

圭表就是用来标记二十四节气的仪器。图 2–3 是安放在紫金山天文台的圭表。圭表是由水平的圭和垂直的表两部分组成，其中圭沿南北方向摆放，表安装在圭的南端。每天正午时，表的投影正好落在圭上，根据表影的长短来计量二十四节气。表影最长时为冬至，最短则为夏至。我们通常以冬至为岁首，把两次冬至时间间隔定为一年。

第二节　太阳上有只神鸟

日中有三足乌，月中有兔、蟾蜍。

——王充《论衡·说日》

《列子·汤问》中有一个《两小儿辩日》的故事，说的是孔子在游学途中遇到两个儿童在争吵，原因是他们俩以为太阳离我们的距离在一天内是会变化的，但是，没法确定什么时候近，什么时候远。一个儿童说，太阳在早晨离我们近，因为看起来比中午时大。另一个则说，中午时离我们近，所以，我们在中午时候感觉更热。这个故事是假借孩童之口对太阳变化提出的疑问，说明我国古代劳动人民对太阳的观察很仔细。

现在我们知道，太阳与地球之间的距离在一天内几乎是没有变化的。我们会像这两个小孩一样，对太阳的大小或冷热有错觉。对大小有错觉原因是在朝阳或落日时，太阳与地平线上的其他物体做对比，而在正午时，太阳则是与整个天空做对比。第一章中，我们介绍了阳光催生了地球大气层，而大气层又反过来作用

图 2-4　长沙马王堆帛画（右上角是太阳中的踆乌）

于阳光，会吸收和散射阳光。早晚时，阳光到达地面前需要穿透的大气层要比中午时厚得多，相当一部分的热量被空气吸收了，所以感觉不如正午时热。

古人不但注意到早晚和正午时太阳在视觉大小或颜色冷暖上的变化，还发现太阳上偶尔还会出现一只黑色的神鸟——踆乌。在长沙马王堆汉墓出土的T形帛画里面，就非常生动地描画出日中踆乌的形象（图2–4）。

我国古人看到的太阳神鸟，其实是模糊的鸟形黑斑。除了神鸟，古人还发现太阳上有飘飘欲飞的仙人等，更多的是圆形方孔的钱形黑斑。太阳上这些形态各异的黑斑，就是太阳黑子（图2–5）。

我国是世界上最早发现太阳黑子的国家之一。《周易》中就有“日中见斗”和“日中见沬”的描述。公元前140年的《淮南子》中，有“日中有踆乌”的记载。在我国古代的一些文学作品中，经常把太阳写成“金乌”。唐代著名文学家韩愈有诗《李赠张十一署》就写道：“金乌海底初飞来，朱辉散射青霞开。”宋代诗人黄裳也在《蝶恋花·人逐金乌忙到夜》词中写道：“人逐金乌忙到夜。不见金乌，方见人闲暇。”

世界公认最早的太阳黑子记录，就在《汉书·五行志》中。书中写到“河平元年（公元前28年）……三月乙未，日出黄，有黑气大如钱，居日中央”，生动形象而又准确地告诉我们这个黑子的时间、形状和位置。

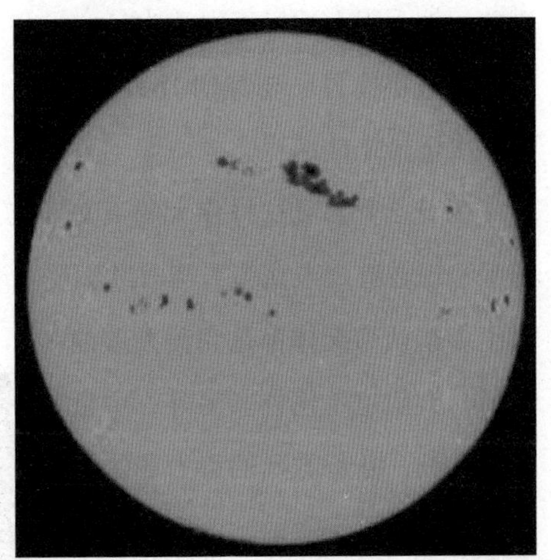

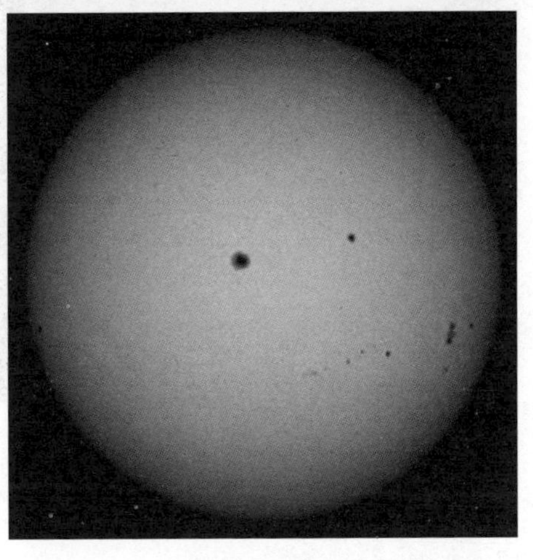

图2–5　太阳上的“神鸟”和“钱”

我国还是世界上目视太阳黑子记录

最多的国家。根据我国天文学家的统计，到公元1610年，我国历史典籍中一共有100多条可据考证的太阳黑子记录，这些记录都详细描述了黑子的形状，位置和持续时间等。我国的目视黑子记录是一笔宝贵的财富，对研究太阳长周期的演化非常重要。我国周边的韩国、日本、印度等国家也有少量目视黑子的记录。

同时期的欧洲，目视黑子记录却极少。并不是说在欧洲没有人发现太阳黑斑，像著名的天文学家“天空立法者”——开普勒就与太阳黑子擦肩而过。1607年5月18日，开普勒发现太阳上有个小黑点。然而，开普勒以为这是一次“金星凌日”现象，把太阳上的黑斑误认为是金星。实际上，开普勒还犯了另一个错误，他认为的“金星凌日”要等到1631年才会出现！图2-6就是利用天文望远镜观测到的一次金星凌日。

为什么开普勒这样伟大的天文学家，没有把这个黑点往太阳本身的变化上联想呢？现在有观点认为，当时欧洲受古希腊文化影响很深。古希腊的大哲学家亚里士多德认为天体都是完美无瑕的球形，太阳也不例外。另外，中世纪的欧洲，基督教廷的势力非常强大。为了维护宗教的利益和权力，教廷宣扬上帝是万能的。万能的上帝不可能会创造一个有瑕疵的天体，太阳和天上众星都应该是最完美的球体，任何人发表类似“太阳有瑕疵（黑斑）”的言论，都会受到教廷的迫害。这样的环境造成了整个欧洲在长达千年的岁月里，都没有关于太阳黑子的官方记录。直到意大利科学家伽利略利用天文望远镜看到太阳表面的黑斑，取名为

图2–6　2012年6月6日金星凌日
（图上黑色圆点是金星；日面上其他不规则黑色斑块是太阳黑子。
图片由南京天文爱好者协会　李雷　提供）

太阳黑子（sunspot），欧洲各国才知道太阳黑子的存在，并迅速对太阳黑子展开系统的观测和研究。伽利略为此仍然受到教廷的警告和迫害。

第三节　太阳被谁咬了一口

望日蚀月月光灭，朔月掩日日光缺。

——卢仝《月蚀诗》

光辉灿烂的太阳一点点被黑暗侵蚀，直到完全被遮盖。地面由一片光明骤然变得昏暗，能感到周围泛起阵阵凉意，微风从四面涌来。鸟儿误以为是夜晚提前来临，凄鸣着归巢。这就是自然界最壮观的天象奇观——日全食。

古代人们对此又敬又畏，他们不知道发生了什么事情，认为这是一种预兆，世人做了错事，让神灵动怒，所以释放出神兽天狗把太阳吞噬掉。

日全食是日食的一种。我国古代天文学处于世界领先水平，不但有世界上最早的太阳黑子记录，还有最早的日食记录。《尚书·胤征》中就记载了夏朝仲康王时代的一次日食。世界公认最早的日食记录是在商代甲骨文中。《殷契佚存》

图 2-7　日食
（左，日环食；中，日全食；右，日偏食）

中记载了发生在公元前 1200 年左右的一次日食："癸酉贞：日夕有食，佳若？癸酉贞：日夕有食，非若？"意思是说，癸酉黄昏有日食，是吉利还是不吉利？

据中国天文史家朱文鑫统计，从春秋到清初，载入正史的日食记录共 916 条。我国古代日食记录与目视黑子记录一样，具有重要的科研价值。国内外研究者对这些日食记录非常重视，可以根据古籍中描述的日食情况，来推测当时太阳日冕的形状，从而推算当时太阳活跃情况，对于研究太阳长期演化有重要的参考价值。

我国古代不但有翔实的日食记录，还发现日全食并不是"天狗吃太阳"，而是月球挡在太阳和地球之间。在公元前 1 世纪的《开元占经》中，最早提出了安全观测日食的方法——水盆反射法。

如图 2-8 是日食原理示意图。根据月球遮盖太阳程度不同，日食还分为日偏食和日环食。当月球运动到太阳和地球中间，三者正好处在一条直线时，月球就会挡住太阳射向地球的光，月球的影子正好落到地球上，这时就是日食现象。由于月球比地球小，只有在月影中的人们才能看到日食。月球把太阳全部挡住时发生日全食，遮住一部分时发生日偏食，遮住太阳中央部分则发生日环食。

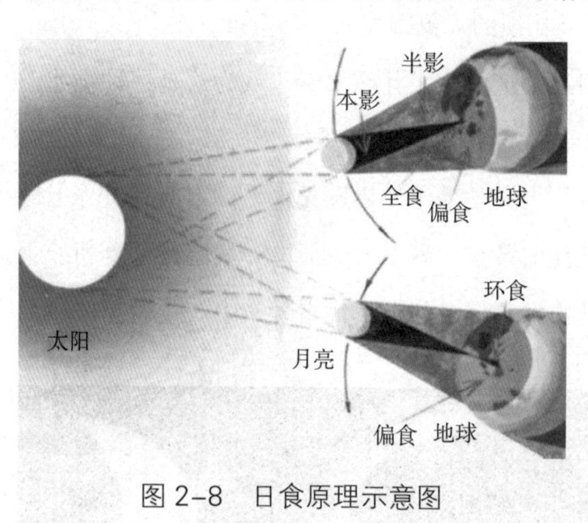

图 2-8　日食原理示意图

第三章　太阳探索之白银时代

哥伦布发现了新大陆，伽利略发现了新宇宙。

图 3–1　意大利天文学家伽利略和他亲手制作的望远镜

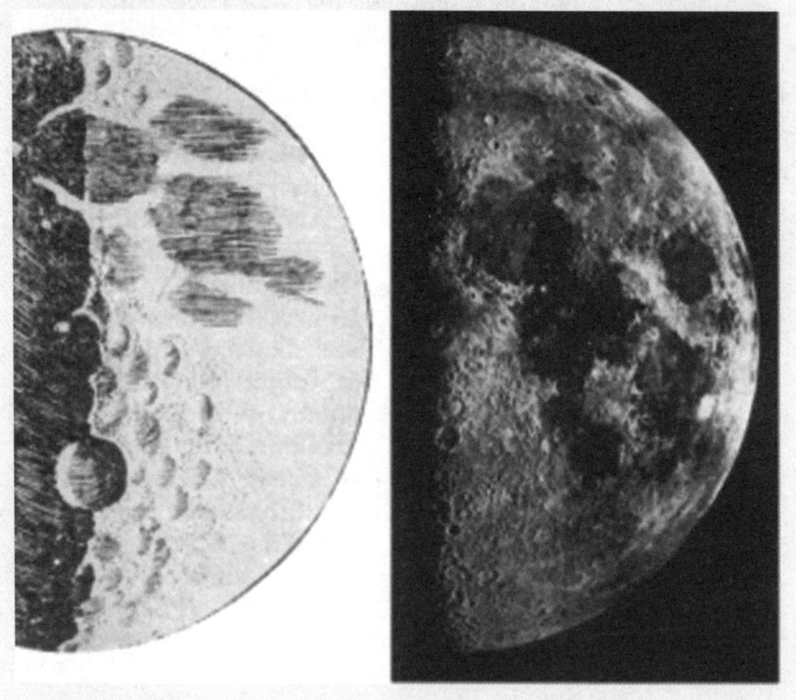

图 3–2　左：伽利略手描月面；右：真实月面

古人对太阳进行仔细观察，发现了太阳运行的规律，并尝试解释相关的一些天象。但还有很多谜题难以回答，比如，太阳长什么样子？太阳为什么会发光？太阳上的“黑斑”是什么？“黑斑”为什么会呈现神仙，金乌以及钱币等形状？……要解决这些问题，我们首先需要更清晰地观察太阳。太阳距离地球非常遥远，目视很难看清日面细节。随着自然科学的兴起和科技发展，对太阳的观测手段有了突破性进展，太阳上的谜团才一一解开。

第一节　开启宇宙大门的钥匙——天文望远镜

“工欲善其事，必先利其器。”要想全面深入了解太阳，必须借助于一项工具——天文望远镜。

1608 年，荷兰眼镜商人汉斯·利伯希把凸透镜和凹透镜按照一定距离叠加在一起，发现可以把远处的景象看得更清楚，就像景象被拉近到眼前，望远镜便这样诞生了。1609 年，伽利略第一次见到望远镜，就意识到望远镜的重要性。伽利略自己制作出一架望远镜，能把景物放大 33 倍，效果比当时任何一架望远镜都好。当其他人拿着望远镜沉迷于观察远处的景象时，伽利略却把望远镜对准天空。

在望远镜里，伽利略看到的是前所未闻的星空：银河是无数个恒星聚集在一起；月球表面崎岖不平，金星像月亮一样有盈亏，木星有四颗卫星，土星有两个“大耳朵”（即土星光环）……他还亲手描制了世界上第一幅月面图（如图 3–2）。可以说，现代天文学的迅速发展，就是伽利略用望远镜这把“钥匙”开启的。后人用一句话来形容伽利略的功绩，“哥伦布发现了一个新大陆，伽利略则发现了一个新宇宙”。

第二节 发现太阳黑子

伽利略并没有满足于观测夜空，他又把望远镜对准太阳。他惊奇地发现太阳表面不是完美无瑕，而是有一些黑色斑块。伽利略没有犯开普勒式的错误，他相信自己的眼睛。经过仔细观察，伽利略确定黑斑是太阳本身的现象，取名为太阳黑子（sunspot），并把黑子在日面上的位置和形状画在图纸上（如图 3-3）。伽利略还发现不论是黑子的位置还是形状都是一直变化的，所有的黑子都朝同一个

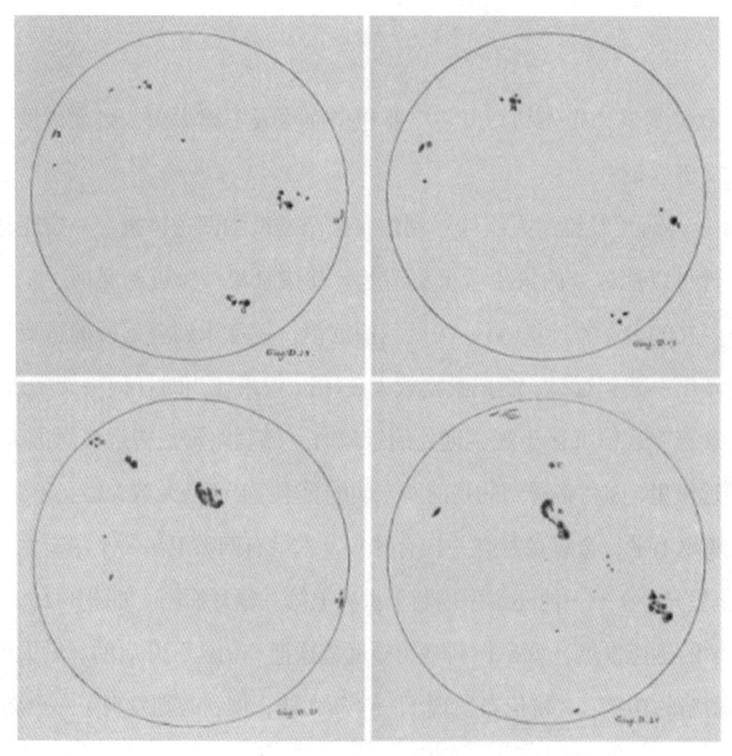

图 3-3 伽利略观测并手绘的太阳黑子图

方向运动。根据黑子在不同位置处的形状变化，伽利略猜测这种同向运动并不是因为黑子像候鸟一样在太阳上“迁徙”，而是因为太阳有自转。以黑子为参照物，伽利略经过连续观察，估算出太阳的自转周期为28天。

伽利略对太阳黑子投入了满腔热情，进行了详尽的观察和研究。1613年，伽利略概括了几年内对太阳黑子的观测和记录，发表了《关于太阳黑子以及它们的现象的论证和发展过程》。

太阳上有黑子，黑子在不停变化，太阳能自转……这些都迅速成为当时的热点话题，吸引了众多的天文学家和天文爱好者们对太阳黑子进行观测。

如果用望远镜直接观测太阳，聚集的强光对眼睛伤害极大，甚至会造成失明。因此，设计一个既能保护眼睛，又能够简单快捷绘制太阳黑子的方法，就成为当时迫切需要解决的问题。

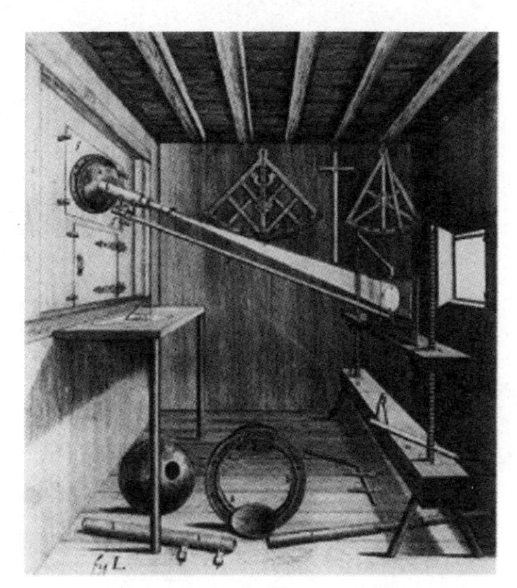

图3–4　手描黑子示意图

投影法手描太阳黑子的方法应运而生。原理是不通过目镜直接观测太阳，而是利用一个特殊目镜，把太阳像投影到一块平板上。平板放置一张设计好的图纸，图纸上画好一个圆，这个圆的尺寸和位置经过仔细设计，与投影太阳像一致。这样，观测者就可以既安全又简单地在图纸上描绘出黑子轮廓。投影法手描黑子已经持续了四百多年，尽管随着科技发展，我们现在可以利用先进的科学仪器来记录太阳黑子，但国内外仍有许多天文台站还在继续使用这个古老的方法来手描记录太阳黑子。

图3–5是19世纪的一幅手描黑子图，画面细致精美。我们从图中能看到黑子的复杂结构，像本影的亮桥，半影的纤维，甚至能看清黑子以外的米粒组织，与现代观测手段取得的黑子图对比，也毫不逊色。

图 3-5　19 世纪手描黑子图

我国古代天文学有灿烂的历史，但是到了近代，当欧洲已经广泛使用望远镜来探索星空，我国的天文学依旧停留在目视阶段，发展几乎趋于停顿。清末民初，一批批有志青年赴国外学习先进的科学知识，也把现代天文的研究方法和技术带回国。从此，我国天文学才逐步发展起来。

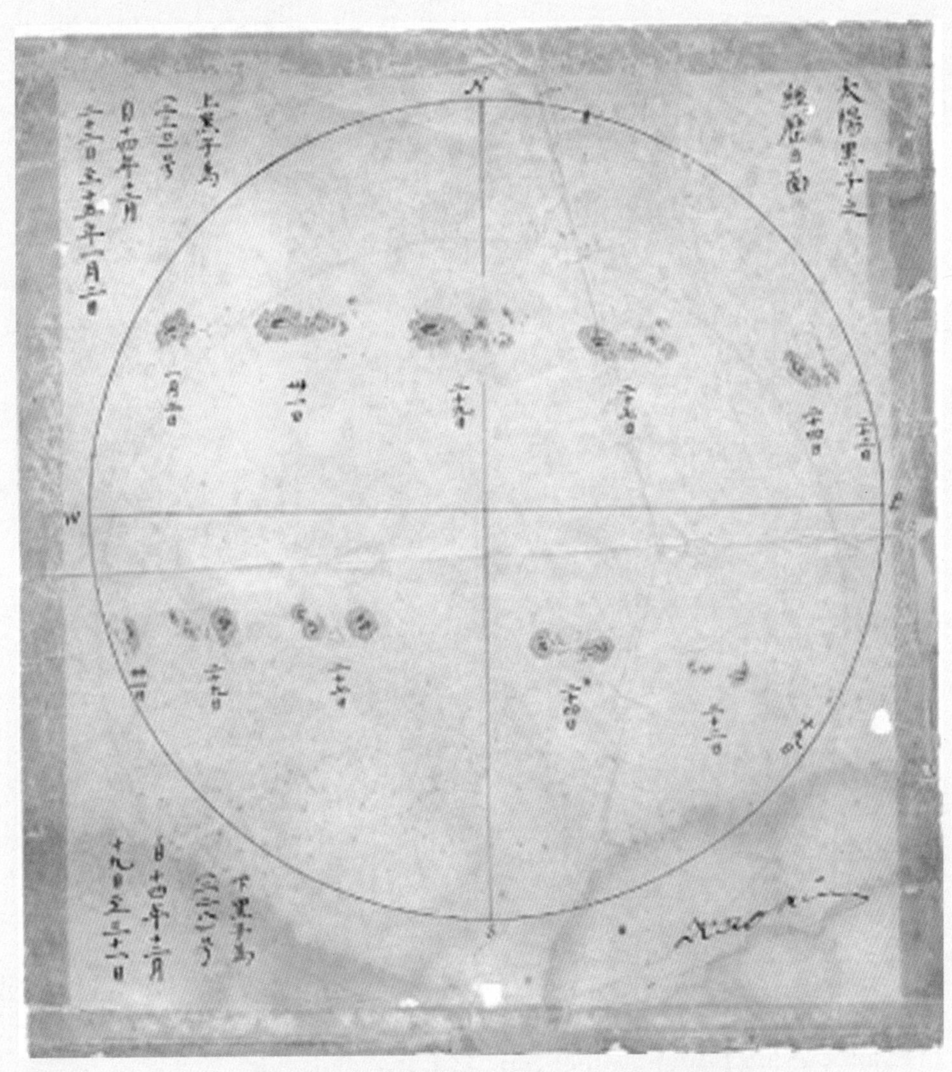

图 3-6　高平子手描的中国第一幅太阳黑子图
（现保存于中国科学院紫金山天文台青岛观象台）

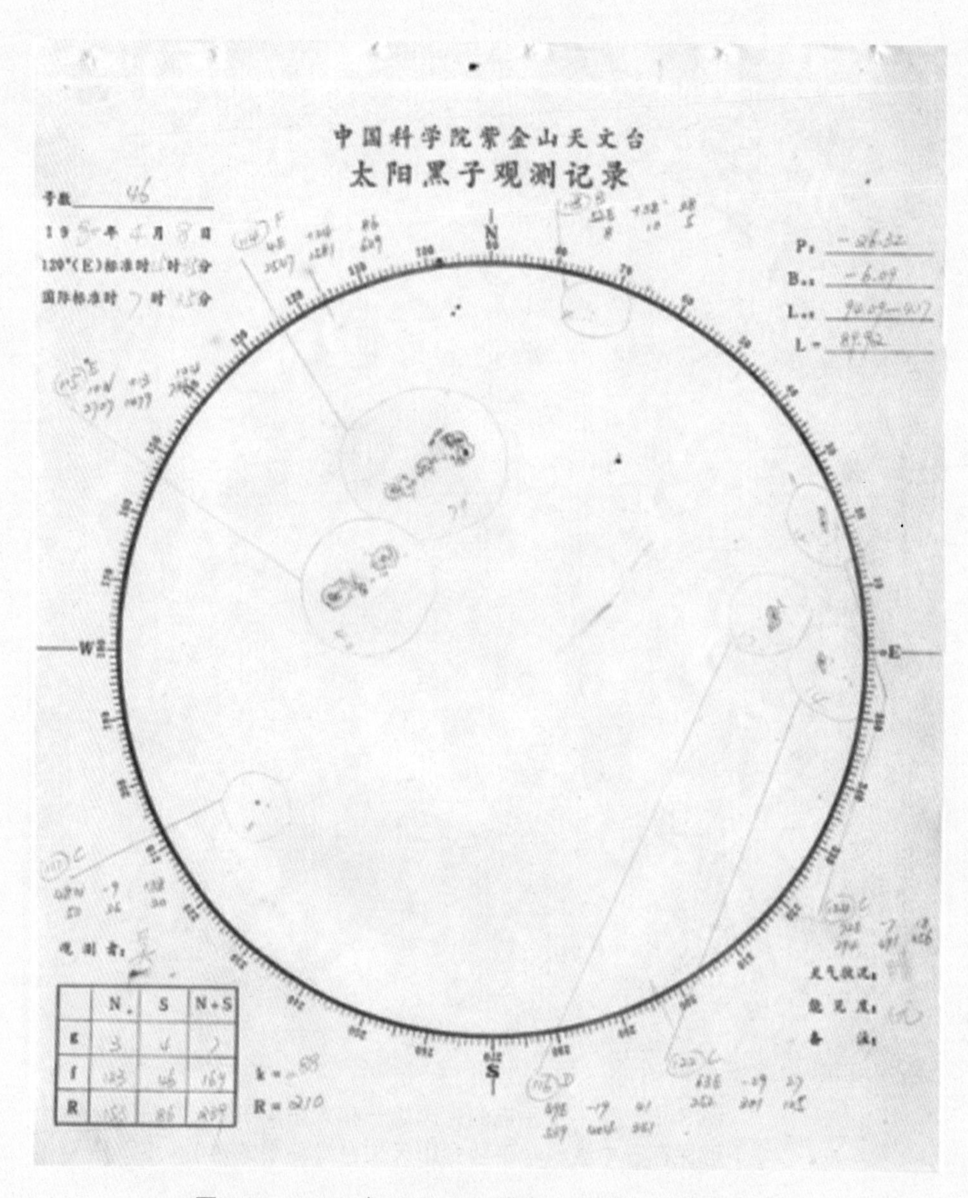

图 3-7　1980 年 4 月 8 日紫金山天文台手描黑子图

1925 年，高平子在青岛观象台开始利用投影法来观测和手描太阳黑子，开创了我国现代太阳黑子的观测与研究之路。青岛观象台也成为我国现代太阳黑子研究的发源地。图 3–6 就是高平子先生亲手描制的一幅太阳黑子图，现保存在紫金山天文台青岛观象台。我国第一座现代化天文台紫金山天文台建成以后，从德国购买了一台 20 厘米口径的折射式望远镜，安置在紫金山天文台紫金山园区的赤道仪楼。该望远镜既可以观测星空，也用来开展投影法手描太阳黑子。继青岛观象台和紫金山天文台之后，云南天文台、北京天文馆等台站也陆续开展手描太阳黑子。至今为止，我国有近八十年的连续手描太阳黑子记录，目前这些宝贵的手描黑子图纸都已经全部数字化，数据完全对外公开，原件也都妥善保存在各个台站。图 3–7 就是 1980 年 4 月 8 日的紫金山天文台手描黑子图。

第三节　发现太阳脉搏——黑子周期

太阳黑子不是随机出现的，而是有一定的周期变化。有意思的是，太阳黑子周期变化的发现过程，可以用一句话来形容："有心栽花花不开，无心插柳柳成荫。"不是由科班出身的太阳物理学家们研究黑子发现的，而是由一位天文爱好者歪打正着发现的。

人们很早就已经发现水星、金星、火星、木星和土星这五颗行星，其中土星是人类肉眼能直接观测到的太阳系的最远边界。伽利略通过望远镜发现了一个"新宇宙"，拓宽了人们对世界的认识，越来越多的人开始把目光投向星空，去探索宇宙的奥秘。

1781 年 3 月 13 日，英国天文学家赫歇尔用自制的望远镜发现一颗比土星更远的新行星——天王星，轰动一时。赫歇尔也成为风云人物，这更坚定了其他人寻找新行星的决心。与此同时，也有一些人反其道而行之，寻找比水星更靠近太阳的行星，其中就有一位天文爱好者，德国药剂师亨利·施瓦布。但是，离太阳最近的水星，已经很难被直接观测到了，大部分时间都被淹没在太阳的光辉里。只有当水星距离太阳最远——东大距或西大距时，即在凌晨太阳比水星更晚跃出地平线，或傍晚太阳比水星更早落下地平线时，我们才有机会观测到水星。据说天文学家哥白尼终其一生也没有看到过水星。笔者很幸运，曾经在 2017 年 9 月 19 日水星西大距时，在云南天文台抚仙湖观测站观测到水星（图 3–8）。

图 3–8　月掩水星
（月牙上方亮星即为水星　作者　摄）

即便真的存在水内行星，也因为几乎与太阳同起同落，无法被直接观测到。有什么办法可以发现水内行星呢？在第二章介绍过，天文学家开普勒曾经把太阳黑子错当成金星凌日现象。当金星运行到地球和太阳之间时，它们会挡住太阳光，看上去就像是太阳表面的一个小黑点，这种现象就叫作金星凌日。图 3–9 就是 2012 年 6 月 6 日的金星凌日时，金星从一侧进入太阳面，又从另一侧出去的整个过程，圆形黑点即为金星。水星也会发生凌日现象，平均 12 年内会有两次。如果确实存在水内行星，那么这颗水内行星也会有凌日现象，而且会比水星凌日发生得更频繁。如果能够一直对太阳进行观测，排除水星和金星凌日，就有可能发

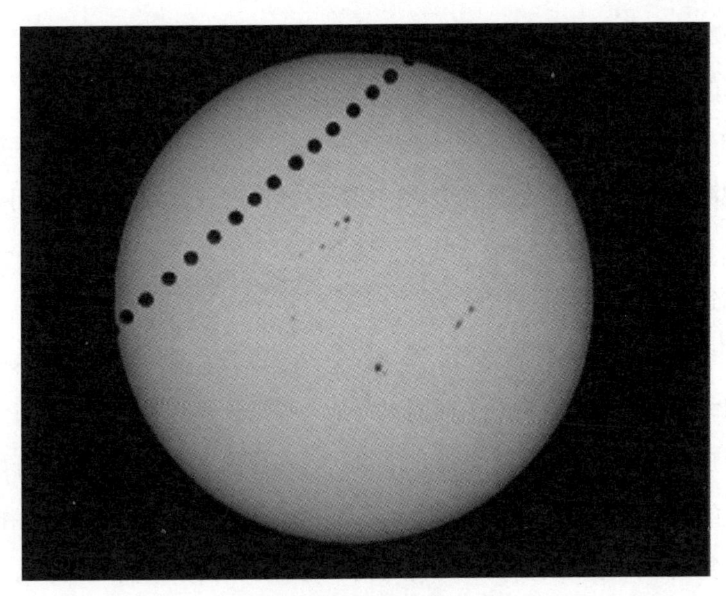

图 3-9　金星凌日
（南京天文爱好者协会　于建峰提供）

现这颗水内行星的踪迹。

虽然人们对这颗水内行星充满期待，但对它的了解是一片空白，不知道大小，质量、速度和轨道，更没法确定准确的凌日时间。因此，只能采用守株待兔的方法，连续观测太阳，不错过每一次水星凌日的机会。施瓦布从 1826 年开始利用投影法手描太阳黑子，期望能从太阳表面的黑点中找到这颗水内行星。考虑到这颗行星可能很小，凌日时的阴影极容易与黑子混淆在一起，施瓦布不但进行细致的观测和绘制黑子，而且在绘制结束后进行仔细鉴别。到 1843 年，他已经坚持手描太阳黑子 17 年，一直没有找到水内行星的踪影。但是，他在仔细对比黑子图时发现，黑子数量有周期性的变化，这个周期大约为 10 年。

施瓦布希望能公布这个发现。但因为他不是专业的天文学家，而且十几年的黑子观测数据样本太少，没有引起重视。施瓦布的主要目标仍然是搜寻水内行星。一转眼又过了 16 年，他依然没有找到水内行星。此时，他已经积累了三十多年的太阳黑子数据，发现黑子周期性变化的规律更加明显，每个周期长度大概是 10

年。这一次，施瓦布吸取了以前的教训，先把成果告诉了一位天文学家。在这位天文学家的帮助下，施瓦布的这一重大发现才得以公之于世。

爱迪生说："天才就是1%的灵感加上99%的汗水。"施瓦布几十年如一日坚持不懈观测黑子，再加上他灵光乍现的想象，才能发现太阳黑子有周期变化。太阳黑子具有周期性的这个结论一公布，立即得到了天文学家们的关注——人类是不是触摸到了太阳的"脉搏"？

为了验证太阳黑子周期是否正确，各个天文台的天文学家们都对太阳黑子进行过有组织的系统观测。但是，时间对每个人都是公平的，即便立刻着手进行，最少也要连续观测十年以上才能验证结果。时不我待，一些天文学家开始收集整理历史上的太阳黑子记录，比如，伽利略从1610年就开始连续观测并手描黑子，这些历史数据都是宝贵的财富，有待发掘。最终，天文学家们确认了太阳黑子确实存在周期变化，在9~12年之间变化，一般称为"太阳黑子11年周期"（如图3–10）。太阳黑子周期对地球自然环境变化非常重要，是除了日、月和年以外地球的第四周期。

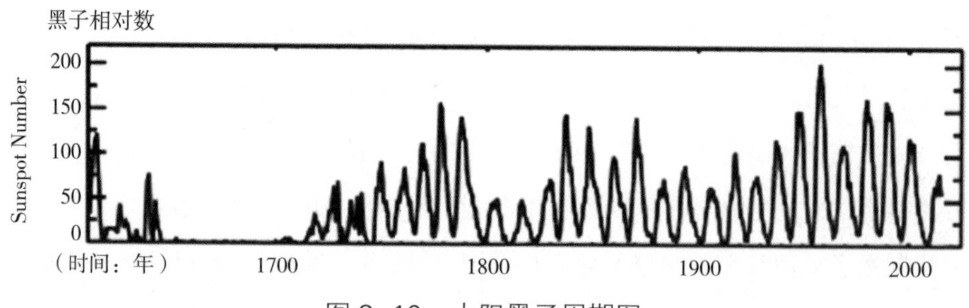

图 3–10　太阳黑子周期图

现在想来，伽利略是幸运的。如果他第一次把望远镜对准太阳时，恰好是在太阳黑子极小期，那我们人类第一次看清并确定太阳黑子的日期又要延后。

天文学家们没有停止继续研究太阳黑子的步伐，希望能够得到更准确地验证，毕竟相对于我们人类文明来说，太阳的历史太久远，太阳的未来更遥远。发现耀斑的英国天文爱好者卡林顿就在对太阳黑子的早期观察和研究上发挥了重要的作用。卡林顿拥有一座私人天文台，在 1853~1862 年间，他不但记录黑子的数目，还留意黑子的位置变化。幸运女神总是垂青有准备的人。卡林顿发现日面不同维度处的黑子移动速度是不一样的，也就是说太阳的自转速度是随纬度变化的。在太阳赤道上，黑子大约 25 天绕太阳一周，而在日面纬度 45 度处的黑子则需大约 27 天。这说明太阳自转时，赤道处自转速度最快，越靠近高纬度自转速度就越慢，这就是“较差自转”。当时流行的说法是，太阳就像地球一样，是一个固体星球，表面是坚固的岩石。而较差自转的发现，确定了太阳应该是气态或液态。由此，我们对太阳的认识更深一步。

同时代的德国天文爱好者斯波勒，也在太阳黑子周期变化的研究上发挥了重要作用。斯波勒发现黑子不但数量有周期变化，在日面上的位置也有周期性变化。每当一个黑子周期开始时，黑子数量较少，位置离太阳赤道较远，平均纬度为 35 度 ~ 40 度之间。随着日面上黑子数量越来越多，黑子的位置也逐渐靠近赤道。在黑子数量最多的年份，黑子频繁出现在纬度 10~25 度之间。而到了下降期，黑子的数量越来越少，但黑子位置并没有返回高纬，而是继续往赤道靠近，最后能够到达南纬、北纬约 5 度处。值得注意的是，太阳赤道上仿佛有一道隐形的墙，阻挡了黑子继续靠近赤道（图 3–11）。

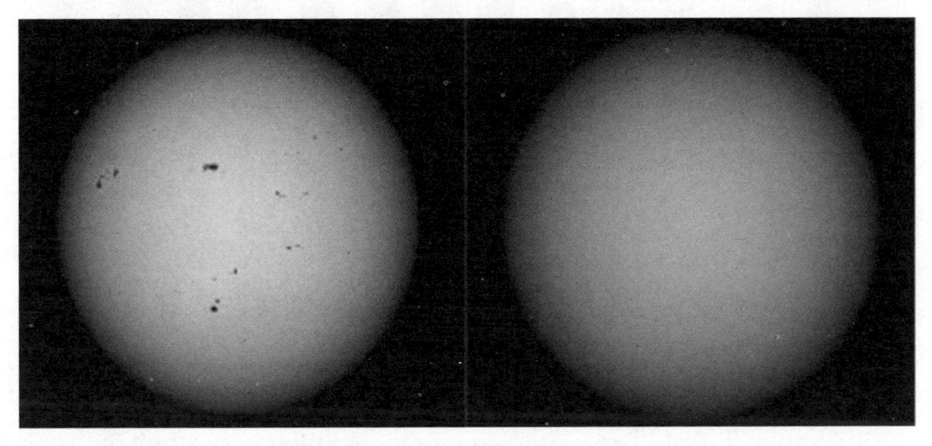

图 3–11　左：太阳黑子极大期时日面图像（2013 年 5 月 16 日），
右：太阳黑子极小期时日面图像（2018 年 5 月 16 日）

斯波勒于 1894 年提出了黑子位置分布的规律，即著名的“斯波勒定律”。为了纪念卡林顿和斯波勒的贡献，现在我们把太阳自转周期称为“卡林顿周期”，其平均值为 27.2725 日；而把黑子位置分布规律，称为“斯波勒定律”。

1904 年，英国天文学家蒙德试图把黑子的数量和位置都统一到一幅图上。他以时间为横坐标、太阳纬度为纵坐标，以不同颜色来标记黑子数目和出现的位置。当他把图画好，最终出现在眼前的仿佛是一串彩蝶，其中一个黑子周期就是一只展翅欲飞的蝴蝶。这就是著名的蒙德蝴蝶图（图 3–12）。

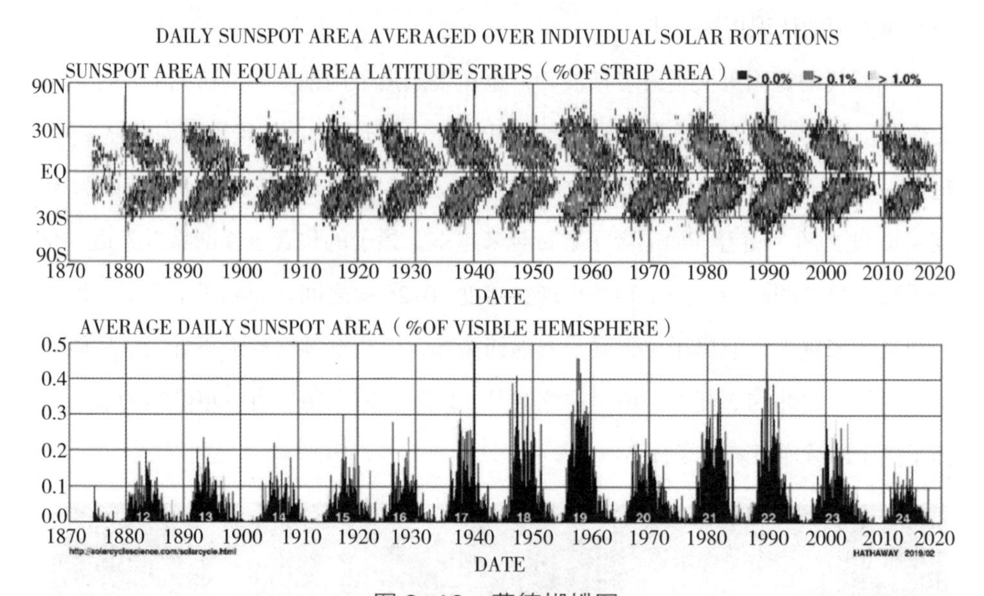

图 3–12　蒙德蝴蝶图

第四节　太阳黑子“异常”变化

不管是从黑子周期图，还是从蒙德蝴蝶图上，太阳黑子的 11 年周期非常明显，一直到今天，该规律还适用。从 2019 年开始，太阳即将进入第 25 活动周。但是，细心的读者会发现，每个太阳黑子周期的活跃程度都不一样，而且会有疑问：伽利略在1610年就用自制的望远镜看到了太阳黑子并记录，后期又有众多的天文学家和爱好者进行黑子观测，为什么太阳活动周期却是从1750年开始计算？

莫非是因为1610年还没有开始科学系统地统计黑子数目？但是从图11上看，在1645~1715年这70年时间内，有一片明显的空白，黑子数非常少，几乎为零。这段时间内，我国的目视黑子观测记录也极少。难道在这几十年内，太阳停止了呼吸，心脏不再跳动？

斯波勒在研究黑子纬度分布时，就注意到1645~1715年间黑子的异常变化。而蒙德则把这一时期认为是上一个黑子周期的“延长极小期”，拖了一条长达70年的尾巴。直到1976年，美国天文学家埃迪结合欧洲极光记录、东方黑子目视记录和树木年轮中放射性碳元素含量的测定结果以及早期日全食观测记载，再次从各方面论述了在1645~1715年间太阳活动情况。他认为这70年间太阳活动确实异常微弱，甚至可以说是停止的，直观体现就是太阳黑子消失了。这段时期被称之为“蒙德极小期”。埃迪甚至大胆地猜测，如果把太阳50亿年的历史作为整体来看，近几百年的太阳黑子11年周期，反而有可能是异常现象。

总之，不管太阳是不是有更复杂的周期变化，作为人类历史上持续时间最长的太阳研究工作，投影法手描黑子数据具有非常重要的科研价值，尤其是对太阳长期演化的研究极其重要。自从照相技术发明以后，投影法手描黑子曾经被照相取代。20世纪70年代，国际上甚至试图叫停手描黑子的观测活动，代之以波长为10.7厘米的太阳射电辐射流量来检测太阳活动。由于手描黑子资料的历史积累性以及包含的丰富信息，使得国际天文学联合会（International Astronomical Union）决定延续手描黑子的观测活动，并将黑子观测中心由瑞士转移到比利时，并在比利时成立国际黑子中心。我国紫金山天文台青岛观象台和云南天文台也还在继续开展手描黑子工作。

第四章　阳光的奥秘

我们对于天体的认识，只能认识到受着重力作用的物体，而关于其化学成分问题，我们是无论如何也不可能认识的。

——德国地理学家洪堡　《宇宙》

“一闪一闪亮晶晶，满天都是小星星。挂在天上放光明，好像许多小眼睛。”在这首耳熟能详的儿歌里，有人们一直以来的困惑，满天的小星星为什么会发光？古希腊哲学家阿那克西曼德把小星星想象成“它们（恒星）是空气中被压缩的那部分，形状像充满火的轮子，从一些小小的开口处发射火苗”，就像我国神话故事里哪吒踩在脚下的风火轮。

地球与恒星之间有几乎无法跨越的距离，断绝了我们直接登陆考察这些“小星星”的希望。太阳是离地球最近的恒星，日地之间的平均距离仍然有 1 亿 5000 万千米，也就是说即使是宇宙中跑得最快的光，从太阳表面出发，也要耗时 500 多秒才能到达地球。因此，法国实证主义哲学家孔德就说，我们只能“设想测定恒星的形状、它们的距离、它们的大小和它们的运动的可能性，但是没有方法测定它们的化学成分、它们的矿物学结构，特别是生活在它们表面的生物的性质”。孔德还发表过更悲观的言论，“不管科学家怎样努力，也会存在一些永远无法解释的问题。比如要想知道 1.5 亿千米以外太阳的化学成分”。

第一节　通向太阳的桥——彩虹

世界上最遥远的距离，不是太阳和地球之间的 1.5 亿千米，而是真相一直就在身边，我们却没有意识到。阳光，不但给予我们光明和温暖，还蕴含了丰富的物理和化学信息。但是，太阳没有让我们轻易获取这些信息，而是设置了密码，需要我们依靠自己的努力去破译才能获得。解密阳光的过程是漫长的，从远古到 17 世纪，我们对阳光的认识一直停滞不前。为了帮助我们破译阳光密码，大自然特意在人类和太阳之间架起一座桥梁——彩虹。

雨后初晴，经常可以看到美丽的彩虹。这时，空气刚刚被雨水洗刷，尘埃少，空气中充满小水滴。天空的一边因为仍有雨云而较暗，如果观察者头顶或背后没有云的遮挡，阳光从观察者背后照射过来，就容易在雨云下形成彩虹。虹分七色，依次为：红、橙、黄、绿、蓝、靛、紫。彩虹的艳丽程度取决于空气中小水滴的大小。小水滴体积越大，彩虹越鲜艳；反之，彩虹就不明显。

彩虹是怎么形成的呢？在唐代时，孙彦先将彩虹解释为“虹乃与日中影也，日照雨则有之”，即水滴反射阳光形成的。欧洲也有人提出类似的结论。1637 年，法国科学家笛卡尔设计了一个实验，把水灌进一个空心玻璃球，再让阳光穿过，证实了彩虹确实是阳光被水反射产生的。

为什么无色的阳光被水滴反射后就会变成七种颜色的光？一直到 17 世纪 60 年代后，这个问题才由伟大的科学家牛顿解答。

图 4–1　彩虹

（由南京天文爱好者协会　徐智坚供图）

第二节　阳光有多少种颜色

牛顿用一个简单的工具，就解决了阳光颜色这个千古难题，这个道具就是三棱镜。把三棱镜放在阳光下，会发现无色的阳光穿过三棱镜，在另一面会分成一条艳丽的七色光带。这就是被称为“最美物理实验”的三棱镜色散阳光实验。我们现在已经无从得知牛顿当初是如何用天马行空一般的想象力，把阳光与三棱镜联系到一起。在牛顿传奇一生中，有太多惊世骇俗的发明，除了三棱镜色散阳光，还有我们熟知的万有引力、牛顿式反射望远镜等。

我们从牛顿的著作中找到一些蛛丝马迹。“1666 年初，我做了一个三角形的玻璃棱柱镜，利用它来研究光的颜色。为此，我把房间里弄成漆墨的，在窗户上做一个小孔，让适量的日光射进来。我又把棱镜放在光的入口处，使折射的光能够射到对面的墙上去，当我第一次看到由此而产生的鲜明强烈的光色时，使我感到极大的愉快。”牛顿为什么这么激动？原来他看到了一条由不同颜色排列而成的色带，而且色带上颜色的排列顺序跟彩虹一模一样。牛顿把不同颜色按照一定顺序排列的现象叫作光谱（spectrum），把阳光被棱镜分成各种颜色的现象就叫作光的色散。

经过反复验证，牛顿确认阳光是由七种不同颜色光混合组成。牛顿还发现如果把这七种颜色再混合到一起，居然又能组合成白光。反过来也证实了阳光确实是由七种颜色组成的。

牛顿经过仔细观察，还发现光斑中每种颜色的位置都偏离了阳光的入射方向，偏离程度最大的是紫色，最小的是红色。这表示不同颜色光在穿越玻璃时都会折射，而且它们的折射效果不一样，紫光偏折最大，红光偏折最小。有经验的渔夫

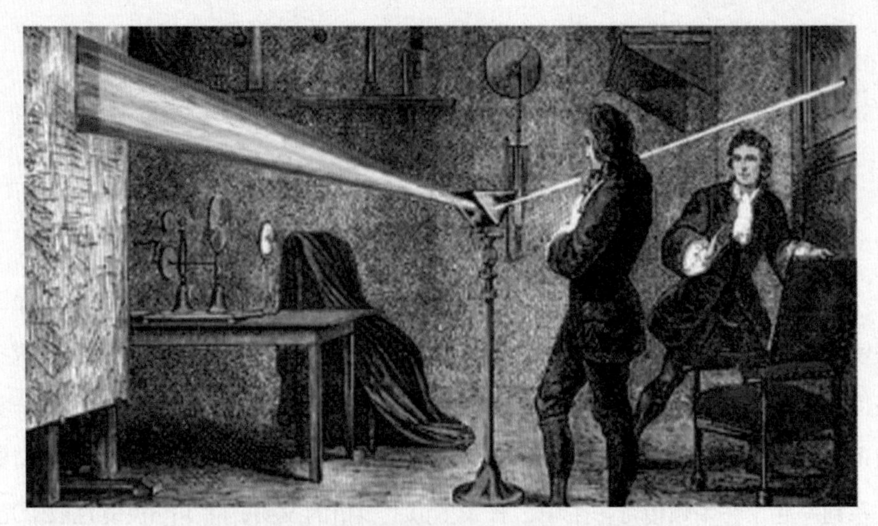

图 4-2　牛顿色散阳光实验示意图

图 4-3　水杯中的“断”笔

用鱼叉扎水中的鱼时，会凭经验叉向“鱼”的下方。如果我们从水下看岸上的物体，看到的“它们”比真实的要高。读者还可以做一个小实验来验证光的折射。把一支铅笔放进水杯中，就像图 4–3 演示的那样，会神奇地发现，铅笔在水和空气交接处折断了。我们可以利用光在介质中的折射规律就能分析为什么笔会“断”。

知道了这些道理，彩虹的形成原因就呼之欲出了。雨后，空气中的水滴接近圆形，可以看成是一个特殊的棱镜。阳光在小水滴内发生折射，折射后形成的七色光再经过水滴反射，最后返回到空气中。无数小水滴一起折射阳光，最后汇聚成一道美丽的彩虹。

第三节　站在牛顿的左肩上——拓宽视野范围

作为世界上最伟大的科学家之一，牛顿在不同领域都有超出常人的成就，在物理学发现了万有引力，在数学领域则发明了微积分，在天文学上发明了牛顿反射望远镜。牛顿也很谦虚，他在自己讲起取得的这些成就时，说过一这样一句话：“如果说我比别人看得更远些，那是因为我站在了巨人的肩上。”牛顿发现阳光的奥秘以后，也有一些科学家在牛顿的基础上继续发掘阳光的奥秘。科学家们发现，阳光不仅包含我们能看见的七色光，还有我们眼睛看不到的光！

这些“站”在牛顿肩膀上的科学家，就包括天王星的发现者、英国天文学家赫歇尔。赫歇尔听说了阳光是由七种不同颜色的光组成的，他提出一个问题：既然阳光会带来温暖，又是由七种颜色光组成，那么每种颜色的光都携带热量吗？如果是，那么它们携带的热量是一样的吗？

科学家的使命，就是质疑人们认为理所当然的事情，并通过实验进行证实。怎么来验证不同颜色光携带的热呢？赫歇尔利用一个日常生活用品——温度计，设计了一个简单的实验，解决了这个问题。1800年，赫歇尔将太阳光用三棱镜色散开，然后在不同颜色的光斑处放置了相同的温度计，来测量不同颜色光的加热效果。为了对比这些光的加热效果，他还在没有阳光照射的地方也放置了温度计。赫谢尔首先发现七种颜色光都有加热效果，但是，红光比蓝光的加热效果强。温度最高的那支温度计，也最让他感到不可思议，这支温度计却不对应任何一种颜色，而是位于红光的外侧，原本以为“没有”阳光的区域。反复验证后，赫谢尔宣布真相只有一个：红光的外侧存在我们人眼看不见的光线。既然这些光是在红光的外侧，那就叫它红外线。

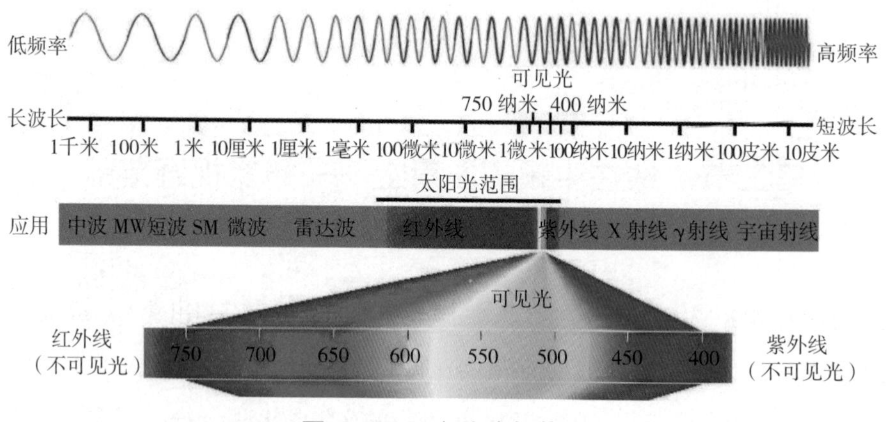

图 4–4　阳光的波长范围

如图4–4，我们人眼能够看到的光称为可见光，波长范围在360纳米~760纳米之间（1纳米=10^{-9}米，相当于把1毫米再等分成100万份）。而红外线的波长在760纳米至1毫米。为什么红光加热效果要比蓝光强，尤其是红外线的加热效果最明显？这是因为红外线光子的波长较长，能量较低。当红外线照射物体时，只能通过原子或分子的间隙，而不能穿透到原子、分子的内部。红外线会增强原子或分子的热运动，使它们振动加快、间距加大。从整体直观来看，物体在红外线的作用下温度会升高，并会出现融化、沸腾、汽化等现象，这就是红外线的热效应。但因为红外线没有穿透到原子或分子内部，因此物体的微观本质（即原子、分子本身）并没有发生改变，冰变成水，再变成水蒸气，它们的本质都是水分子。

我们能看到一个物体，是因为眼睛接收到从这个物体发出的光。那么这个物体在我们眼睛看不到的红外线波段又是什么样子的呢？人眼虽然无法直接看到红外线，但是，借助于仪器可以“看”到红外图像。以图 4–5 这个单车少年为例子，我们来演示人体在可见光和红外线波段的影像。在可见光波段，我们能够看到少年，是因为他身体反射的太阳（可见）光进入我们眼睛。而在红外线波段，我们看到的是少年身体的“温度”。运动时，血管和肌肉等部位的温度更高，看上去就越明显（红色代表温度高，蓝紫表示温度低）。

图 4–5　不同波段看同一个物体
（左：X 射线；中：可见光；右：红外线）

我们日常生活中常用的各种电器，包括电视、空调等，这些电器的遥控器发出的就是红外线，这是因为红外线的波长长，跨越障碍能力强。借助红外线穿透能力强的优势，我们可以观测到太阳深层大气的图像，得到太阳内部的物理信息。但是，水汽对红外线有非常强的吸收作用。在地面对太阳进行红外观测时，需要选择特殊的观测地点，尽量减少地球大气中水汽的吸收。

在红光以外有人眼看不到的红外线，我们自然就猜测紫光的外侧是不是也存在看不到的“紫外线”呢？赫歇尔也是这么想的。但是，他发现放置在紫光外的温度计读数几乎没有变化，很难利用温度计来验证“紫外线”是否存在。1801 年，德国物理学家里特设计了一个更灵敏有效的实验，发现了“紫外线”的踪迹。既然我们要验证光，那就直接去探测光！当时，科学家们已经发现，氯化银在加热或受到光照时会分解出银元素，银会被氧化而呈黑色。里特正是利用氯化银见光变黑的这个特性来探寻“紫外线”。他把蘸了氯化银溶液的纸片放在紫光的外侧。

过了一会儿，他观察到纸片变黑了。在紫光外真的存在人眼看不见的光线！因为赫歇尔把红光外侧的光命名为红外线，里特就把紫光之外的光称为紫外线。

这些发现拓宽了我们人类的“视野”，原来在我们眼睛可见范围之外，还有一片更广阔的天空。在红外线之外，还有远红外、射电波（即无线电波）；紫外线之外，还有 X 射线，以及更高能的伽马射线。现在，科学家们要同时利用全波段的光来观测太阳以及整个宇宙，才能知晓更全面的信息。

第四节　站在牛顿的右肩上——发现阳光密码

赫谢尔和里特站在牛顿的左肩上，发现了红外线和紫外线，把我们的视力范围扩展到可见光之外。也有一些科学家站在牛顿另一个肩膀上，他们反其道而行之，去发掘可见光内部的奥秘。

不管这些科学家们是站在牛顿的哪个肩膀上，他们都是以牛顿的棱镜色散实验为基础，再根据自己的需求进行改进。1802 年，英国物理学家沃拉斯顿在重复牛顿的实验时，把三棱镜前的小孔替换成狭缝。当阳光穿过狭缝照射到三棱镜时，他发现本来应该是连续排列的七色圆斑，变成了连续的七色光带。沃拉斯顿还有一个新发现，彩色条带上有一些像随机排列的暗条纹。

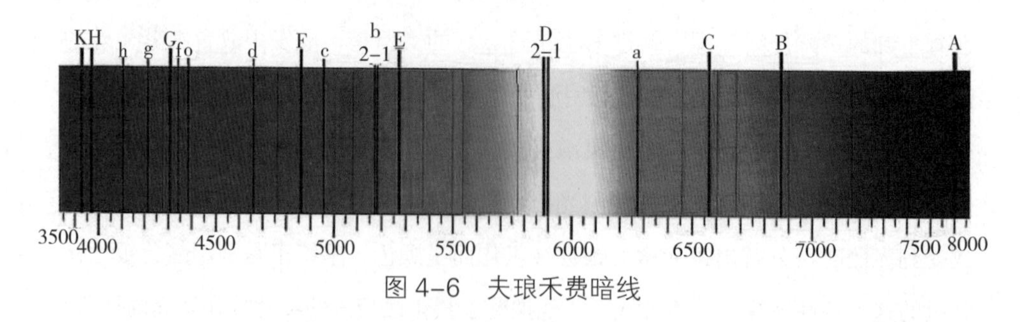

图 4-6　夫琅禾费暗线

与此同时，德国人夫琅和费也在实验中发现了阳光色散后的暗条纹。夫琅和费是一位优秀的光学工程师，发明了分光镜，可以看成是缩小版的牛顿棱镜实验用的暗室，能够精确测量光线色散情况。除阳光外，夫琅和费也想看看地球上其他光源是不是也由七种颜色组成。夫琅和费发现油灯的光穿过分光镜后，并没有阳光的七色连续光带，而是在黑暗背景上出现一条条类似前端狭缝形状的明亮彩色条纹。尤其是一对靠得很近的黄色条纹，就像是孪生兄弟，引人注目。夫琅和费又先后试验了酒精灯、蜡烛等，发现这对黄线依然存在，连与其他亮条纹的相对位置都没有改变。1814 年，夫琅和费终于想起来利用世界上最大的光源——太阳，来做实验。太阳也没有让夫琅和费失望，给了他一个大大的惊喜：分光镜后出现的不是一条条的明亮条纹，而是连续彩色光谱上叠加了许多条暗线！这些暗线深浅粗细都不一样，位置也各不相同。

夫琅和费一共在太阳光谱中找出了五百多条暗线，依次用 A、B、C、D 等字母来命名这些暗线（图 4–6）。1817 年，夫琅和费公布了这个结果：“我用许多实验和各种不同的方法，证明这些谱线和谱带是阳光固有的性质，而不是衍射、光幻视等原因而来。”夫琅和费的发现为我们打开了窥视太阳内部奥秘的窗口。为了纪念夫琅和费，我们把太阳光谱中的暗线称为“夫琅和费暗线”。

发现阳光暗线后，夫琅和费又把目标转向了星空。他把分光镜对准了月亮、金星等行星，发现它们的光谱跟太阳光谱一模一样！这终于证实了一个流传已久的猜想：我们能看到月亮，还有水星、金星、火星、木星和土星等几颗行星，并不是因为它们自己会发光，而只是反射太阳光。夫琅和费还发现有些恒星光谱和太阳的相似，而有些则差异很大。是不是那些遥远的恒星，也都是一颗颗“太阳”？

阳光或星光的光谱，就像是超市商品上的条形码。无论光线穿越多深远的宇宙空间，走过多少光年的路程才来到我们身边，只要能够读出“条形码”内的信息，就能知道太阳和遥远恒星的奥秘。

夫琅和费还发现一个有趣的现象，地球上的“光”就像来自天上的阳光似的。比如夫琅和费在油灯或灼烧食盐的火焰光谱中发现的那对孪生黄色明线，它们的相对位置恰好对应太阳光谱黄色部分中的一对暗线（图 4-7）。如果把这两条光谱放在一起比较，就像有双神奇的手，从太阳光谱中挖掉两条黄色亮色亮线，然后把它们“变成”地球的火焰。为什么会这样呢？在古希腊神话故事里，我们现在用的火，是由名叫普罗米修斯的神从天上偷来的。众神之王宙斯答应保护地球上的人类，但是却拒绝提供人类生活必需的火。没有火，人类就一直生活在茹毛饮血的原始阶段。普罗米修斯设法偷来天火，送给人类，让人类成为万物之灵。当然，神话毕竟只是神话，无法解释科学问题。

四十多年后，仍然是在德国，一位物理学家和一位化学家联手解开了太阳光谱暗线这个谜题。

图 4-7　色散后的阳光（上）和食盐火焰（下）

第五节　你烧的是什么

当我们用火焰点燃物品时，有时候会发出特殊的气味，也会发出不同的颜色。我们生活中经常用到的陶瓷器皿，表面有美丽的花纹图案。历史上，唐三彩、青花瓷、到景泰蓝，都以图案美丽著称。这些图案就是在烧制陶瓷前，把各种金属

图 4-8　美丽的瓷器

氧化物做成釉彩，涂画到陶瓷毛坯上，这些金属烧熔后就显出不同的色彩，像三氧化二铁、氧化铜、氧化钴、氧化锰、二氧化钛等，高温烧制时会分别呈现红、绿、蓝、紫、黄等颜色。广为人知的青花瓷就是用含氧化钴的铀彩涂绘到陶瓷毛坯上，经过高温烧制后出现蓝色花纹的。

釉彩是我国古代劳动人民智慧的结晶。中国瓷器享誉世界，中国曾经是瓷器的代名词，所以英语中“中国”（China）一词，就和“瓷器”（china）相同。

1858 年秋到 1859 年夏，德国海森堡大学的化学家本生教授埋头在实验室里进行着一项有趣的实验——烧东西。他把含有钠、钾等不同元素的物体放在以自己名字命名的本生灯上烧，发现不同物体燃烧的火焰显示出不同的颜色。本生灯是不发光的，不会干扰被烧物体的火焰颜色，因此本生认为这些不同颜色的火焰就对应不同的元素。本生非常高兴，这可是一种简单易行的辨别化学元素新方法！

可是，当他把几种元素混合后再用本生灯来烧时发现，含量较多的元素其火焰颜色也十分醒目，而含量较少元素的火焰颜色却几乎分辨不出来。本生很苦恼，凭借火焰颜色，只能分辨单一元素物体，却无法准确判别混合物。

本生有一个好朋友，叫基尔霍夫，是海森堡大学的物理教授。他们经常在一起讨论问题。这天，本生就把他在实验中所遇到的困难讲给基尔霍夫听。基尔霍夫对夫琅和费的实验很熟悉，他还保存有夫琅和费亲手磨制的石英三棱镜。基尔霍夫把本生的苦恼与夫琅和费的阳光暗线谜题联系起来，他向本生建议，为什么不直接去观察物体燃烧时火焰的光谱呢？

图 4–9　本生（左）与基尔霍夫（右）

说做就做，绝不拖拉。基尔霍夫把分光镜带到本生的实验室，本生首先分别把不同的元素放在本生灯上燃烧，基尔霍夫则用分光镜对准火焰来观察光谱。他们惊奇地发现，元素火焰也被色散成与油灯类似的明线光谱，而且每一种元素光谱的亮线对应的颜色和位置，甚至粗细深浅都不一样，都是独一无二的。

图 4–10　不同物质对应的光谱

他们又试验了不同元素的混合物。这次他们发现，不同元素的明线光谱同时出现，各种明线虽然混杂在一起却彼此不影响。只要仔细对比已知元素的光谱，就能判别出混合物中有哪些元素。就这样，基尔霍夫和本生找到了一种能够准确判别元素的方法——光谱分析法。

光谱分析法不但能够鉴别物质的元素组成，还有一个重要应用，就是发现新元素。1860年，本生和基尔霍夫这对好朋友发现了光谱为两条蓝色明线的新元素，取名为铯，意思是像天空一样蓝。第二年，他们又发现了另一种新元素——铷。他们的研究和发现对外公布后，光谱分析法也被称为“化学家的神奇眼睛”。

第六节　读取太阳的“条形码”

地球上的物质，在自然环境中往往以三种形态存在：固态、液态和气态。比如，常见的水，固态形式是冰，液态就是水，被加热后变成水蒸气。基尔霍夫利用各种物质来做实验。他发现正常气压下，所有的炽热固体、液体和气体，都会发出连续光谱，连续光谱就像是去除了暗黑条纹后的太阳光谱。而在低气压下的炽热气体光谱为明线光谱，就是在黑暗背景上叠加一些不同颜色亮线组成的条带。

基尔霍夫通过更进一步的实验发现，如果灼烧以固体或液体形态存在的某种元素，发出的光再穿过由这种元素组成的高温低压气体，最终在分光镜后端出现的竟然是叠加了许多暗线的明亮连续光谱。而这些暗线的位置，与这种元素特征光谱中的明线一一对应。这个发现让他大跌眼镜，元素处于不同状态时，会“吞食”它的同类所发出的光！

基尔霍夫投入大量时间和精力对不同元素进行试验，也没有忘记最初启发他们的夫琅和费太阳光谱。他又进一步设想，如果把阳光穿过某种元素的高温低压气体，会出现什么情况呢？

无独有偶，1848 年，法国物理学家傅科也在进行类似的实验。他先在分光镜的狭缝前放置食盐火焰，再让太阳光穿过食盐火焰，最后让混合光进入分光镜。因为钠光谱的双黄线与太阳光谱黄色段中的双黑线对应太好，科学家们都认为这不是偶然的。傅科实验的本意是希望用钠焰的双黄线来“填充”太阳光谱上那对暗线。但实验结果却与预想的完全相反，非但没有填充太阳光谱上的暗线，还导致这对暗线变得更暗了。

基尔霍夫听闻之后，又重复了傅科的实验，得到一样的结果。他进一步改进了实验，发现如果把太阳光挡住，钠焰的双黄线又出现了，而且准确地落在两条暗线的位置上。根据以前的实验，只有钠元素能“吞噬”钠元素的光。那就代表太阳上包含钠元素！

综合各种实验结果，基尔霍夫提出一个大胆的猜想来解释夫琅和费暗线：当太阳内层发出的连续光谱穿过太阳表层时，表层大气内的元素会吸收连续光谱内该元素所对应的谱线，从而形成了太阳光谱中众多的夫琅和费暗线。基尔霍夫和本生在书中写道：“只要找到了产生与太阳光谱中的暗线相对应的明线的那些物质，我们就知道了太阳大气的化学组成。” 一项意义深远的工作——寻找太阳物质——开始了！

基尔霍夫将太阳光谱与地球上各种元素的特征光谱一一进行细致比较，发现太阳里有 30 多种地球上常见的元素。这个惊人的消息就像插上翅膀一样立刻传遍了科学界，震惊了全球！原来我们人类不需要直接登陆太阳，只凭借一缕阳光就可以探测到太阳的物质组成！

在科学面前，太阳失去了神秘性。利用科学做武器，宇宙的奥秘也将逐渐被人类揭开。

这次的发现，不但让天文学家们群情激奋，连物理学家们也按捺不住参与了对太阳光谱的研究。随着技术进步，太阳光谱上越来越多的暗线被发现（图 4–11），越来越多元素也被确认出来，其中美国物理学家劳兰德一个人就确认了 39 种元

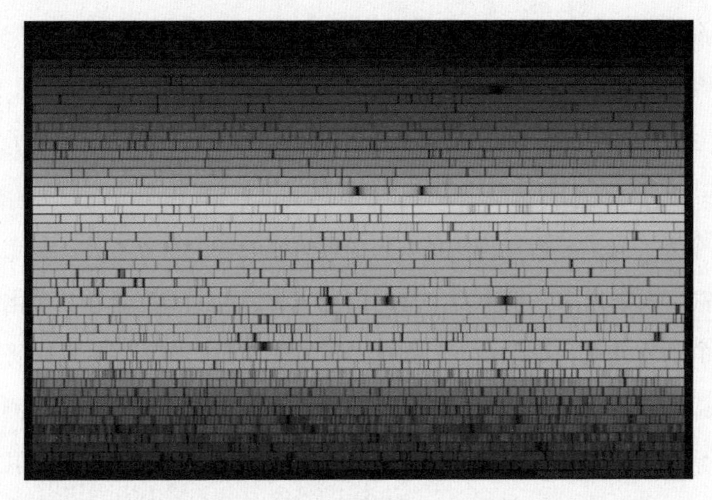

图 4-11　太阳可见光光谱

图 4-12　南京大学太阳塔

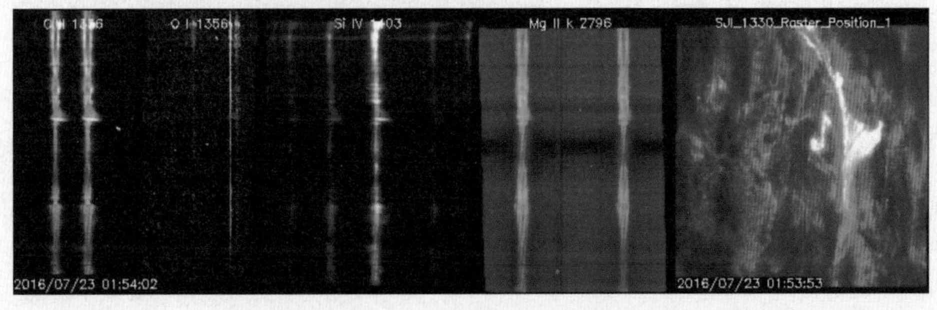

图 4-13　IRIS 卫星观测的太阳光谱

素。1869 年，瑞典物理学家埃格斯特龙（Anders Jonas Ångström）公布了太阳光谱里 1000 条谱线的波长，并以他的姓氏来定义了光波长的单位——Å（埃，1 埃 $=10^{-10}$ 米）。劳兰德在 1886~1895 年间发布了一份更加详尽的太阳光谱图表，记录了太阳光谱中从紫外到红外区 1.4 万条谱线的确切波长和大致强度。

直到今天，光谱分析法仍然是太阳物理研究的一个重要工具。阳光从太阳不同位置和高度发射出来，携带着丰富的信息。我们可以根据光谱的变化，来获知太阳内部的物理性质和变化。正因如此，不但在地面上有观测台站来研究太阳光谱，科学家甚至还把光谱仪器搭载在卫星上，从太空对太阳进行光谱观测。图 4–12 就是位于紫金山南麓的南京大学太阳塔。美国在 2013 年发射的 IRIS 卫星，它的主要科学目标就是探测太阳中低层大气（包括色球层和过渡区）的谱线（图 4–13）。

光谱分析法不但应用到太阳物理中，还扩展到天文学的其他领域，包括恒星、星云等。图 4–14 是位于国家天文台兴隆观测站的 LAMOST 望远镜（又名郭守敬望远镜），主镜口径 4 米，在成像焦面上可以放置四千根光纤，将遥远的星光分别传输到多台光谱仪中，获得它们的光谱，是当前世界上口径最大的大视场和光谱观测获取率最高的望远镜，为我国乃至世界天文学研究提供高水平的观测手段和研究平台，得到了国际天文界的高度评价。

图 4–14　LAMOST 望远镜

第七节　太阳发光之谜

太阳像一个永不熄灭的大火球，一直持续发出耀眼炫目的光芒。人们最初认为太阳可能是一个巨大的煤块，但即便是像太阳这么大的煤块，也只能够燃烧几万年。到 19 世纪，虽然利用光谱分析法，对太阳的研究包括物质组成等已经取得了很大进展，但太阳光和热的来源仍然是个谜。

1755 年，德国哲学家康德根据万有引力原理，提出了太阳形成于一团弥散微粒的假说。宇宙中散布着微粒状的弥漫物质，称为原始物质。在引力作用下，较大的微粒吸引较小的微粒，并逐渐聚集加速，形成巨大的球体，即原始太阳。根据这个假说，德国物理学家亥姆霍兹认为太阳的光和热可以通过能量转换得到，即太阳旋转收缩，把动能转换成热能。虽然太阳向外散发热量，最终会逐渐冷却下来，但会因为冷却而继续收缩，又把动能转化成热能。这个过程周而复始，让太阳持续发光发热。同时，太阳物质逐渐向太阳核心坠落，这个过程中物质的重力势能也会转变为动能，然后变为热能。但是，经过计算，能量转换成的热量跟实际太阳相比还是太少了。

1925 年，一位女天文学家的发现，解决了太阳发光发热之谜。英国女天文学家加波施金根据光谱，认为太阳上有大量的氢和氦，尤其是氢的含量几乎占太阳质量的 3/4，氦占 1/4，比其他元素丰富百万倍！这个结论当即就震惊了整个天文学界。科学家们都不敢相信这个结果，因此加波施金的发现备受质疑，包括美国著名天文学家罗素也提出否定意见。幸运的是，罗素经过验证，很快就认识到加波施金的发现是正确的。1929 年，他在《天文学杂志》上发表了里程碑式的论文《关于太阳大气的成分》。罗素在论文中肯定了加波施金的结论，并大力推广恒星主要是由氢构成的观点。

如图 4–15，氢在元素周期表中位于第一位，是最轻的元素。氢元素共有三种同位素分别是：氕、氘、氚。氢通常的单质形态是氢气，无色无味。日常生活中，经常能见到氢气的踪影，比如，氢气球就主要利用了氢的轻。氢元素极易燃烧，与氧元素发生化学反应生成水。氢的发热值虽然比核燃料低，却是所有化石燃料、化工燃料和生物燃料中最高的，是汽油发热值的 3 倍。而且，氢燃烧后的产物是水，基本没有污染环境的问题。我国已在氢能源领域取得了进展，被公认为是最有可能率先实现氢燃料电池和氢能汽车产业化的国家。

1 H 氢 1.0079								化学元素周期表									2 He 氦 4.0026
3 Li 锂 6.941	4 Be 铍 9.0122			固态	液态	气态	人造元素					5 B 硼 10.811	6 C 碳 12.011	7 N 氮 14.007	8 O 氧 15.999	9 F 氟 18.998	10 Ne 氖 20.17
11 Na 钠 22.9898	12 Mg 镁 24.305											13 Al 铝 26.982	14 Si 硅 28.085	15 P 磷 30.974	16 S 硫 32.06	17 Cl 氯 35.453	18 Ar 氩 39.94
19 K 钾 39.098	20 Ca 钙 40.08	21 Sc 钪 44.956	22 Ti 钛 47.9	23 V 钒 50.9415	24 Cr 铬 51.996	25 Mn 锰 54.938	26 Fe 铁 55.84	27 Co 钴 58.9332	28 Ni 镍 58.69	29 Cu 铜 63.54	30 Zn 锌 65.38	31 Ga 镓 69.72	32 Ge 锗 72.5	33 As 砷 74.922	34 Se 硒 78.9	35 Br 溴 79.904	36 Kr 氪 83.8
37 Rb 铷 85.467	38 Sr 锶 87.62	39 Y 钇 88.906	40 Zr 锆 91.22	41 Nb 铌 92.9064	42 Mo 钼 95.94	43 Tc 锝 99	44 Ru 钌 101.07	45 Rh 铑 102.906	46 Pd 钯 106.42	47 Ag 银 107.868	48 Cd 镉 112.41	49 In 铟 114.82	50 Sn 锡 118.6	51 Sb 锑 121.7	52 Te 碲 127.6	53 I 碘 126.905	54 Xe氙 131.3
55 Cs 铯 132.905	56 Ba 钡 137.33	57-71 La-Lu 镧系	72 Hf 铪 178.4	73 Ta 钽 180.947	74 W 钨 183.8	75 Re 铼 186.207	76 Os 锇 190.2	77 Ir 铱 192.2	78 Pt 铂 195.08	79 Au 金 196.967	80 Hg 汞 200.5	81 Tl 铊 204.3	82 Pb 铅 207.2	83 Bi 铋 208.98	84 Po 钋 (209)	85 At 砹 (201)	86 Rn 氡 (222)
87 Fr 钫 (223)	88 Ra 镭 226.03	89-103 Ac-Lr 锕系	104 Rf (261)	105 Db (262)	106 Sg (263)	107 Bh (262)	108 Hs (265)	109 Mt (266)	110 Uun (269)	111 Uuu (272)	112 Uub (277)	113 Uut	114 Uuq				

57-71 La-Lu 镧系	57 La 镧 138.905	58 Ce 铈 140.12	59 Pr 镨 140.91	60 Nd 钕 144.2	61 Pm 钷 147	62 Sm 钐 150.4	63 Eu 铕 151.96	64 Gd 钆 157.25	65 Tb 铽 158.93	66 Dy 镝 162.5	67 Ho 钬 164.93	68 Er 铒 167.2	69 Tm 铥 168.934	70 Yb 镱 173.0	71 Lu 镥 174.96
89-103 Ac-Lr 锕系	89 Ac 锕 227.03	90 Th 钍 232.04	91 Pa 镤 231.04	92 U 铀 238.03	93 Np 镎 237.05	94 Pu 钚 244	95 Am 镅 243	96 Cm 锔 247	97 Bk 锫 247	98 Cf 锎 251	99 Es 锿 254	100 Fm 镄 257	101 Md 钔 258	102 No 锘 259	103 Lr 铹 260

图 4–15　元素周期表

但是，太阳上氧元素含量非常低，不可能依靠氢燃烧来支持整个太阳发光发热。20 世纪初，爱因斯坦提出相对论，拓宽了我们对宇宙的理解和认识，为我们揭开太阳发光之谜又前进了一步。

1927 年，加普斯金的导师，英国物理学家爱丁顿爵士第一个提出太阳发光的能量源泉是核聚变。爱丁顿爵士是相对论的忠实粉丝，也是继爱因斯坦后相对论的领衔专家。他预言太阳核心的温度可达千万摄氏度，压力也极其巨大。在这种极端环境下，本来环绕原子核稳定旋转的电子，会因为更加高速的旋转运动而挣脱原子核对它的束缚，变成自由电子。我们可以通过一个小实验来感受当电子绕原子运动速度越来越快时，原子努力挽留电子的无奈。用手拉着一根绳子，绳子另一端拴住一个球。当你缓慢甩起绳子，球就绕你的手慢速旋转，但不会飞走。如果加快甩绳子的速度，球绕行的速度也越来越快，手能明显感到球有一个拉拽力，有脱手而飞的趋势。可以想象，如果我们把绳子转得再快一些，当球绕行达到一定速度，我们的手就再也拉不住，球就飞出去了。在原子世界里，原子核（带正电荷）和电子（带负电荷）之间的“绳子”是电磁相互作用力。

因此，太阳核心的物质都是离子化状态，由带负电的电子和带正电的原子核组成。这种物质形态与我们地球上常见的固液气三态都不同，又称为第四态，叫作“等离子体”。

太阳核心物质密度也非常大，所以这些高速运动的氢原子核有很大几率会猛烈碰撞，能克服它们之间的电磁排斥力而结合在一起，形成元素周期表中第二号“人物”——氦！在碰撞的过程中释放出能量，这股能量正是太阳光和热的源泉。遗憾的是，爱丁顿并没有给出聚变过程的具体细节，无法验证猜想是否正确。

一直到1939年，核聚变过程才由美国杰出的理论物理学家贝特从理论上证实是可行的。在太阳核心处有三高的极端物理条件，即：高温，约1500万摄氏度；高压，约3000亿个地球大气压；高密度，相当于水密度的150倍。如此，4个氢原子经过复杂过程最终聚合形成一个氦原子。但是，每个氦原子的质量只有4个氢原子总质量的99.3%，那丢失的0.07%正是核聚变的关键！根据爱因斯坦著名的质能方程$E=MC^2$（其中，E是能量，M表示质量，C代表光速），聚变过程损失的质量能够转换为能量（如图4–16）。一次核聚变转化成的能量非常少。太阳核心有足够的氢，可以同时发生非常多次聚变反应。每秒有6亿吨氢参与到核聚变反应中，能够把400万吨物质转化为能量。核聚变就是太阳发光发热之谜！

根据核聚变理论，科学家们研制了“人造太阳”——氢弹。1966年12月28日，我国成功进行氢弹原理试验，并在1967年6月17日，我国第一颗氢弹空爆试验

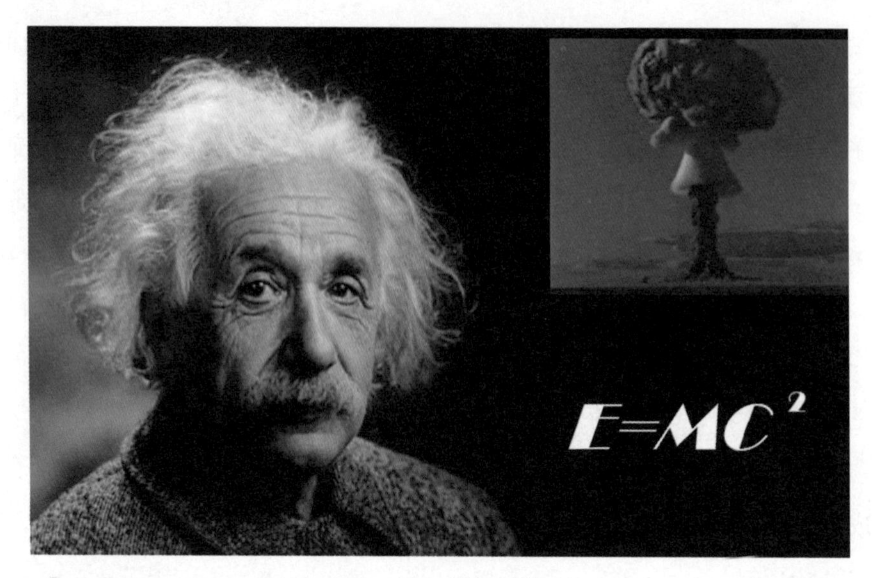

图 4–16　爱因斯坦

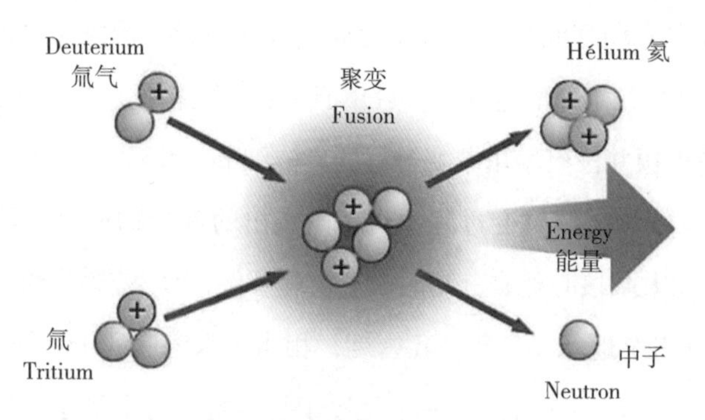

图 4–17　氢氦核聚变反应示意图
（氘和氚都是氢的同位素）

成功。这是我国自行设计和自行制造的 330 万吨当量的氢弹，我国也因此成为世界上第四个掌握氢弹技术的国家。

太阳发光的能量源泉是核聚变，但我们眼睛看到的阳光，并不是直接由核聚变产生的。

日核范围大概在太阳中心到 1/4 太阳半径。在太阳核心，核聚变产生的能量

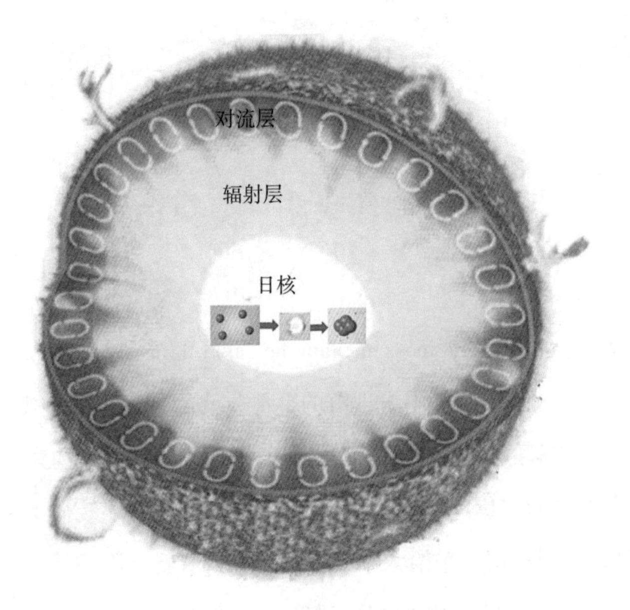

图 4–18 太阳内层大气

以 γ（伽马）光子的形式释放出来。从日核再往外到 3/4 个太阳半径，这个范围称为辐射层。辐射层内，主要依靠热辐射把日核的能量往外传递。从 0.75 太阳半径到 1 个太阳半径，是对流层。对流层与辐射区交界处的温度有几十万摄氏度，但是，到对流层顶部温度降到约 6000 摄氏度。强温度差导致了物质处于强烈的上下对流运动之中。图 4–18 即太阳内部大气结构示意图。

当核聚变产生的 γ 光子从日核往外冲时，由于太阳内部密度极大，接踵摩肩。即便是 γ 光子，也不得不与其他粒子发生无数次碰撞。每碰撞一次，γ 光子都会损失一部分能量，并蜕变成更低能量的光子。γ 光子会依次衰减成 X 射线、远紫外线和紫外线等光子。光子最终到达太阳外层大气时，已经历时数十万年，光子能量已经减弱到可见光波段，这才是我们眼睛直接看到的阳光。我们人类眼睛能直接看到的太阳，只是太阳的一部分，是太阳外层大气，叫做光球层。

第八节　给太阳“算算命”

爱因斯坦说过：“The most incomprehensible thing about the world is that it is comprehensible。”（宇宙中最不可理解的事情，就是宇宙是可以被理解的。）

从我们人类的角度来看，太阳实在是太大了！太阳总质量约为 2×10^{30} 千克，相当于 33 万个地球的重量。太阳直径是地球的 110 倍，可以装得下 130 万个地球。但我们仍然可以利用知识，来给太阳“算算命”，看看太阳的前世今生和未来。

现在普遍认为，我们太阳系起源于银河系中的一团分子云。大约 50 亿年前，银河系内一颗超新星爆发，冲击这团分子云，致使其开始旋转塌缩，如图 4-19。

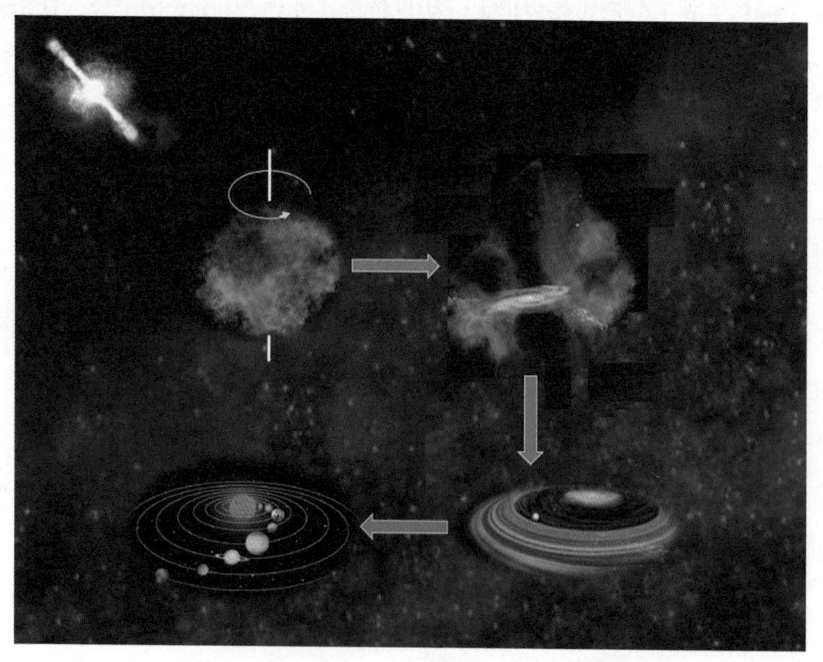

图 4-19　太阳系形成示意图

塌缩分子云的绝大部分质量集中在中心，形成一个致密的原始恒星，即太阳胚胎，其内部氢氦聚变尚未开始，外围的物质则形成尘埃盘。在持续引力压缩作用下，太阳胚胎内温度越来越高，压力和密度也越来越大，大约在5000万年后，胚胎核心开始了热核聚变反应，标志着太阳诞生。

尘埃盘内侧的部分受太阳辐射的影响，熔点低的物质都被蒸发到外围，高熔点的金属和含硅矿物质遗留下来，最终凝聚形成了太阳系的四颗体型较小的岩质行星——水星、金星、地球和火星，又称类地行星。尘埃盘外围的温度比较低，这个区域中的行星可以更大，并且在太阳的热量把气体驱散之前，巨大的行星已经把气体分子聚拢起来，最终形成了气态巨行星——木星和土星，以及更外围的温度更低的天王星和海王星，称为类木行星。

太阳刚形成时，主要是由氢和氦元素组成。上一节中，我们知道了太阳核心每秒有6亿吨氢参与到核聚变反应中，400万吨物质转化成了能量。根据太阳上现在与原始星云中氢和氦的含量对比，科学家们估计核聚变过程在太阳上已经持续了约46亿年！现在的太阳，正是"星生"中最美好的成年阶段。太阳上现存的氢元素，还可以继续"烧"50亿年！我们现在面对的太阳，整个生命非常漫长，约有100亿年。在这100亿年内，太阳依靠聚变反应产生能量来平衡引力收缩，成为一颗稳定的恒星。

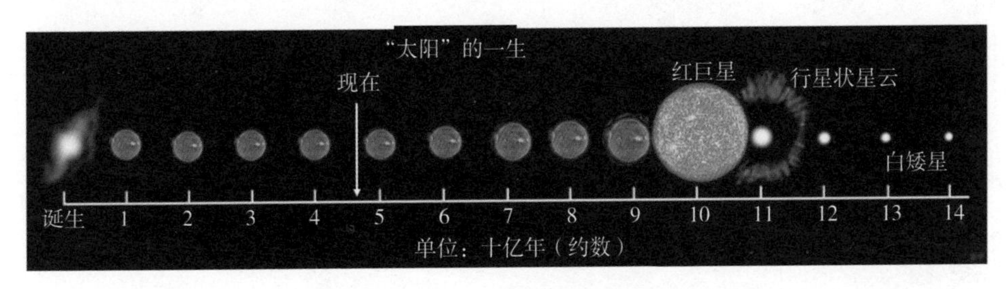

图4–20　太阳演化示意图

太阳核心的氢总有全部消耗殆尽的一天。等50多亿年后，核心内部的氢全部聚变成氦，太阳核心变成一个氦球。此时，核心温度还不足以引起氦的聚变反应，核心缺乏能量来抗衡引力。在引力持续压缩下，太阳内部温度缓慢升高，虽然没有发生氦聚变，但核心外一层薄薄的氢开始聚变。这将使外层大气向外扩张，太阳就进入“夕阳红”阶段，将变成一颗红巨星。太阳在红巨星阶段持续4亿年，直径会扩大到250倍，水星、金星甚至地球将会被吞没，这就是科幻电影《流浪地球》中描述的未来。

太阳核心外层氢聚变成的氦落入核心，使核心的氦核越来越大，开始在引力作用下压缩生热，温度上升。核心在引力和外壳氢聚变的双重压缩下，密度和温度变得更高，达到1亿摄氏度时，氦开始聚变成碳，释放能量。这个阶段，标志着太阳已经转入暮年。等核心的氦元素全部聚变成碳后，太阳核心无法触发碳元素聚变来抵抗引力收缩。核心在引力作用下进一步收缩，密度温度上升增加到一个极限状态，核心变成白矮星，而外层大气由于过度膨胀，与内部联系变弱，逐渐脱离形成行星状星云。

白矮星温度极高，表面温度达到2.8万摄氏度，但内部没有核聚变反应释放能量。因此，白矮星会缓慢冷却，最终，沉寂……

第五章　一层发光的“云”——光球层

大家是否还记得前面提到的《两小儿辩日》的故事？不管是从故事里，还是在日常生活中，不管是在千年以前，还是在今天，我们每个人都能直观感受到太阳在一天之内亮度和颜色上的变化：早晚靠近地面时，太阳是温馨的橙红色，又圆又大；中午时则是刺眼的亮白色，让人不能直视，在辽阔的天空背景下显得很小。

图 5–1　南京紫金山　日出时和上午

太阳在不同时刻的视觉效果差异巨大，不要说故事里的两个小孩，即便是成年人也会产生误解和疑问。但实际上，不管是太阳的亮度，还是与地球的距离，在一天内几乎没有变化。之所以会出现这么大的差异，是因为地球大气层和我们开了一个玩笑，空气对阳光有明显的折射和散射等作用。

从古至今，我们看到的都是“同一个太阳”，即光球层，如图5-2。在光球层以外，太阳还有其他大气层。太阳的可见光辐射绝大部分都是从光球层发射出来的。与太阳内层的辐射区和对流层比，光球层可以说微不足道。厚度只有500千米，平均温度仅为6000摄氏度，但却是地球上光热的主要来源。我们在光球层上可以看到黑子、黑子周围的光斑还有覆盖光球层表面的米粒组织。光球层的边缘清晰易辨，非常锐利。我们经常说的太阳半径，就是指从太阳中心到光球层边缘的距离，大概有69万千米。

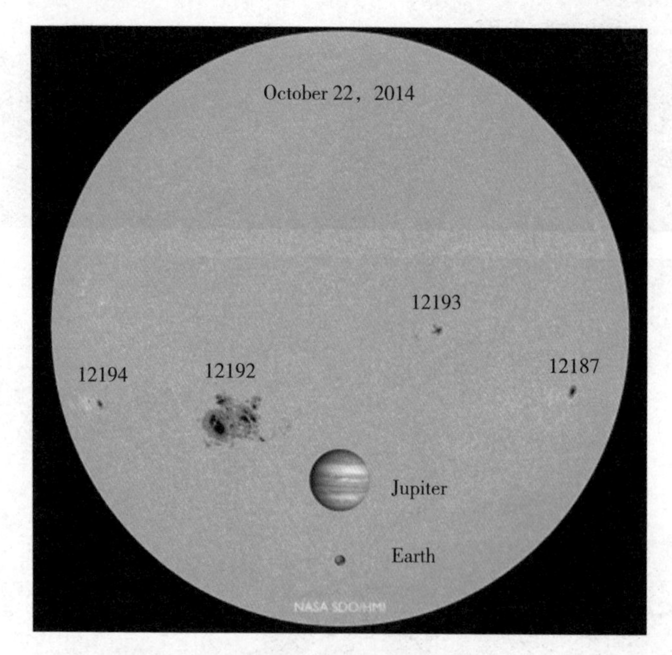

图 5-2　光球层

（图中可以清晰看到带编号的黑子群。尤其第 12192 号黑子群是近 30 年来最大的黑子群，面积基本与木星一样大，约等于地球的 70 余倍。黑子之外区域都是米粒组织。）

第一节　光球层上有什么

望远镜发明之前的太阳探索是其青铜时代，我们对太阳的认识局限在关注规律性的运行以及颜色和热量的变化。但无论是在神话故事里还是历史典籍中，会发现有很多关于太阳模样的描述，比如太阳脸上会出现形态各异的“黑斑”。伽利略发明望远镜以后，我们对太阳的研究也步入到白银时代，太阳一下子被拉近到眼前，变得清晰起来！

我们被望远镜中的太阳所震撼。

就像图 5-3 显示的，我们通过望远镜，看清了太阳上的“神鸟”或“神仙”（即太阳黑子）的真面貌。黑子有暗黑核心，叫作本影，周围则是纤维状结构，叫半影。

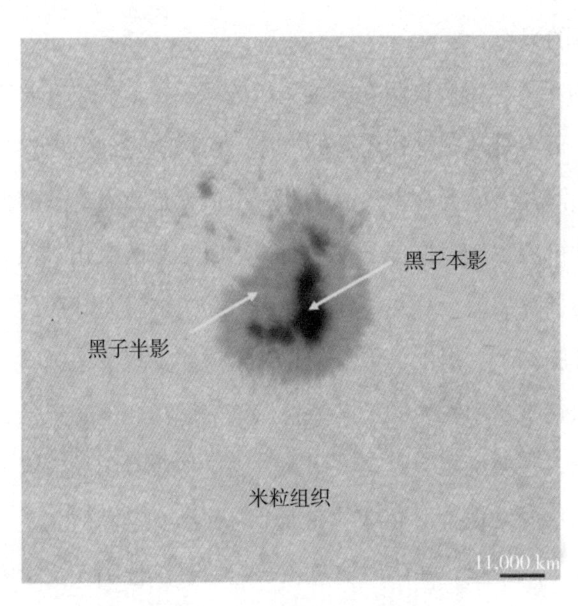

图 5-3　太阳黑子与米粒组织

黑子数目也不像目视黑子记录的那样罕见，平均十年才能见到一次，实际数目要多得多。更重要的是，黑子的数目和位置是周期变化的，即太阳黑子 11 年周期。黑子的形状也变化多端，各有特色。古人没有欺骗我们，有的黑子形如铜钱，但个头比铜钱大多了，像图 2 中的 12187 号黑子，形状就类似铜钱，直径差不多有几万千米，甚至比地球还大。这种铜钱形大黑子，寿命往往很长，有的能持续几十天，形状变化也不明显。也有些小黑子只有本影部分，大小约有一千千米，寿命短到只有几个小时。有些黑子是独行侠，离群索居；有些黑子则喜欢聚集在一起，过“家族”生活。

科学家们总是贪心不足，想要把太阳看得更清楚，于是建造的望远镜越来越大，也发现了太阳表面更细微的特征。原本以为光球层就像一片寂静的荒漠，除了黑子以外，其他区域都光滑如镜的。通过大口径望远镜，会发现这片“镜子”上布满了一颗颗晶莹的“米粒”，科学家们把它们称为米粒组织。虽然说叫“米粒”，但一颗的直径足足有一千千米！

太阳上居然有这么多以前从未想过的东西在变化。科学家对刺眼光芒掩盖的太阳有了更浓厚的兴趣。

欧洲早期的天文学家们推测太阳可能像地球一样，表层有坚固的岩石。岩石外壳上是海洋，但不是地球这样蔚蓝的海洋，而是炽热到发出白光的海洋，覆盖整个太阳表面。海洋下面会喷发出火山，火山口就是我们看到的太阳黑子。1774 年，英国天文学家威尔逊根据黑子在日面移动时半影的变化，认为黑子应该是向下凹陷而不是向外突出的。炽热海洋和火山口无法解释光球层的变化，当时的科学家们又“打开脑洞”，提出其他的猜想，但这些猜想总摆脱不了地球的影子。比如，天文学家赫歇尔用发光的云来替换炽热的海洋。他还想象，云层覆盖下的太阳表面有植物，甚至可能会有“太阳人”。这种对太阳的猜测无疑是极其荒谬的。但作为天王星的发现者，赫歇尔在那个时代享有崇高的名望，他的猜想虽然偏离真实情况十万八千里，在当时竟然被普遍接受。德国天文学家施罗特尔还把这层能发光的“云”称为“光球”，这就是“光球层”的由来。

图 5-4　大海环绕的火山口

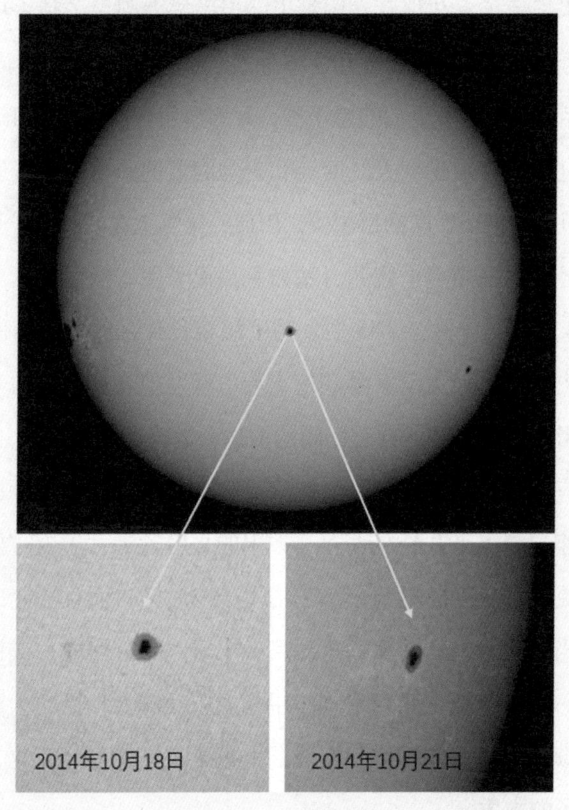

图 5-5　黑子在太阳不同位置处的形态变化

总体来说，在白银时代的早期，由于望远镜观测能力不足，我们对太阳的认识还没有摆脱地球观念的影响。当自然科学整体进步，以及仪器制造取得突破性进展，特别是航空航天迅速发展，我们对太阳的认识才逐渐完善起来。

第二节　来给太阳拍个照

光球层最主要最显眼的特征就是太阳黑子。在照相技术发明之前，天文学家们采用投影法来把黑子永久保存在图纸上。但手描太阳黑子是一项细致繁琐的工作，形态复杂的黑子群，往往需要几个小时才能完成。如果在太阳黑子极大年，日面上经常同时存在几个形态复杂的黑子群，观测员通常需要耗费几个小时来手描黑子。整个手描过程还容易受到天气变换和人为因素的影响，直接影响就是：看到的是同一个太阳，数出来不同的黑子数。因此，国际上在统计黑子数时，就考虑到投影法的误差，往往采用多个观测台站的手描黑子图，然后计算出一个平均值。

19 世纪 30 年代，埃及学者陶伯发明了照相负片，能把影像保留下来的照相术正式走上历史舞台。天文学家赫歇尔（天王星发现者赫歇尔的儿子）极有先见性地预计到照相术在天文学上会有广阔的前途。他改进了照相术，使其更加实用，然后迅速把它应用到天文观测上。从此以后，星星不再是望远镜里稍纵即逝的影子，可以被快速记录下来并长久保存。太阳的亮度远远大于夜空群星，给太阳照相比拍摄星空更容易，耗时更远小于手描黑子的时间，而且还能准确无误记录黑子，真实反映当时太阳上的情况，这对尺度小于人眼分辨能力或快速变化的黑子来说尤其重要。图 5–7 就是照相术刚应用到太阳观测上拍摄的太阳光球层照片。通过对太阳连续拍照，就能够监视光球层上黑子“一生”的变化，有助于我们深入了解太阳黑子的本质。

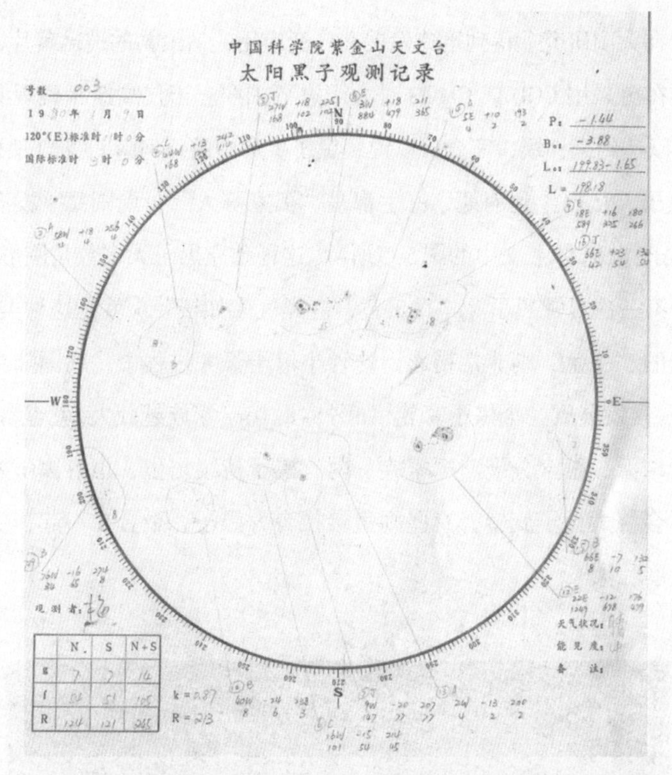

图 5–6　紫金山天文台手描太阳黑子图

图 5–7　早期的太阳光球层照片
（1845 年 4 月 2 日，Fizeau 和 Focault 在巴黎天文台拍摄的太阳照片，能清晰看到日面上的黑子。）

照相术在太阳研究上得到迅速发展和广泛应用，从最初的玻璃负片，逐渐发展成胶卷，现在更采用CCD或CMOS对太阳进行拍照。当代高速相机观测太阳时的曝光时间可以达到毫秒级，完全可以说，黑子生命中的任何瞬间我们都不会错过。

有些黑子，从出生到消逝，一生都是“孤家寡人”，周围几乎没有黑子或只有少量小黑子伴随，像上文中的图5-5所示。这种独立黑子大多数是圆形或椭圆形，世界公认的第一次目视黑子（“日出黄，有黑气大如钱”）就是这种类型的黑子。而有些黑子的“一生”则非常精彩。这种小黑子长大过程中，周围陆续有其他小黑子出现，慢慢发展成一个黑子家族，如图5-8。黑子家族越壮大，就容易滋生矛盾，内部会拉帮结派，融合分裂。“家族”内有黑子持续出生，也有黑子死亡。有些新生小黑子会绕大黑子旋转，有些则直接投奔大黑子，融合在一起，更有些小黑子能独立发展壮大。

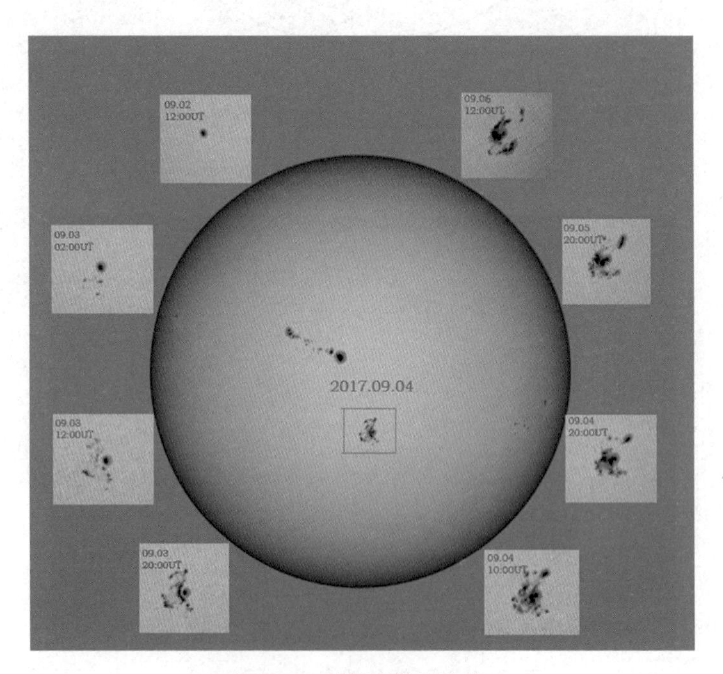

图5-8　黑子群的演化

第三节　望向太阳的巨眼

黑子的变化如此精彩，我们就想深入了解它，比如黑子是怎么形成的？是什么导致黑子变化，又是什么引起黑子周期变化？……要回答这些问题，首先就要把黑子看得更清楚。

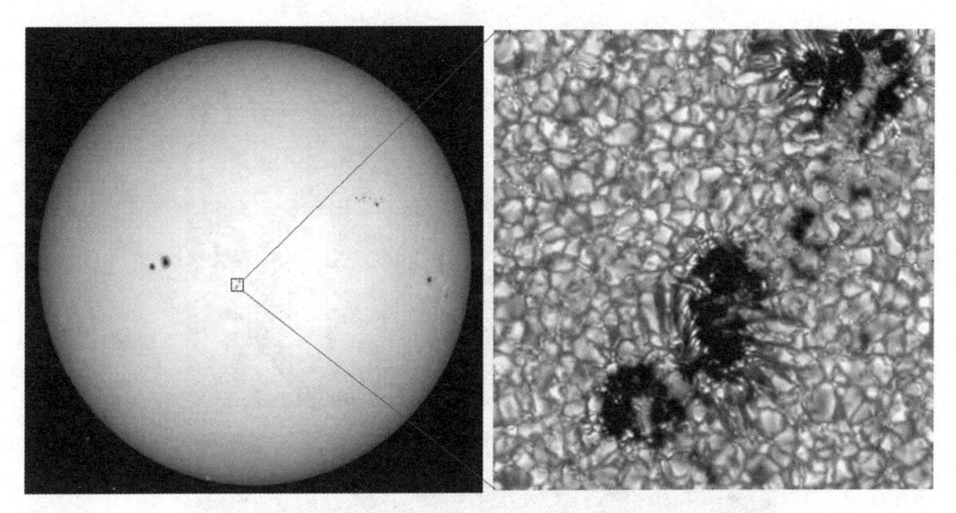

图 5-9　不同分辨率下的太阳黑子
（左：分辨率大约 1000 千米；右：分辨率大约 100 千米）

要想把黑子看得更清楚，就需要更高分辨率的太阳望远镜。有压力才有动力，有需求就有市场。在迫切需求的推动下，太阳望远镜越造越大，观测能力也越来越好。当今世界上最大的光学太阳望远镜，是美国大熊湖太阳天文台（Big Bear Solar Observatory, BBSO）的古迪太阳望远镜（Goode Solar Telescope, GST）。如图10，该望远镜主镜直径为 1.6 米，大熊湖太阳天文台位于美国加利福尼亚州南部山区美丽的大熊湖畔，一条堤道从岸边深入湖中 100 多米，安置 GST 的观测楼就

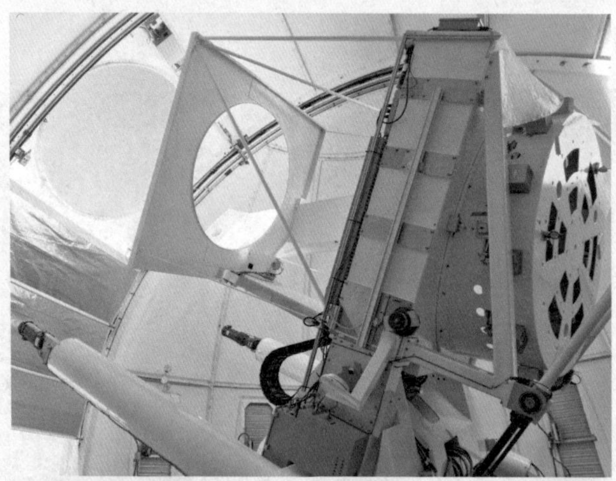

图 5–10　大熊湖太阳天文台和 GST
[左下湖中白色建筑，即为 Goode 望远镜（GST）观测楼]

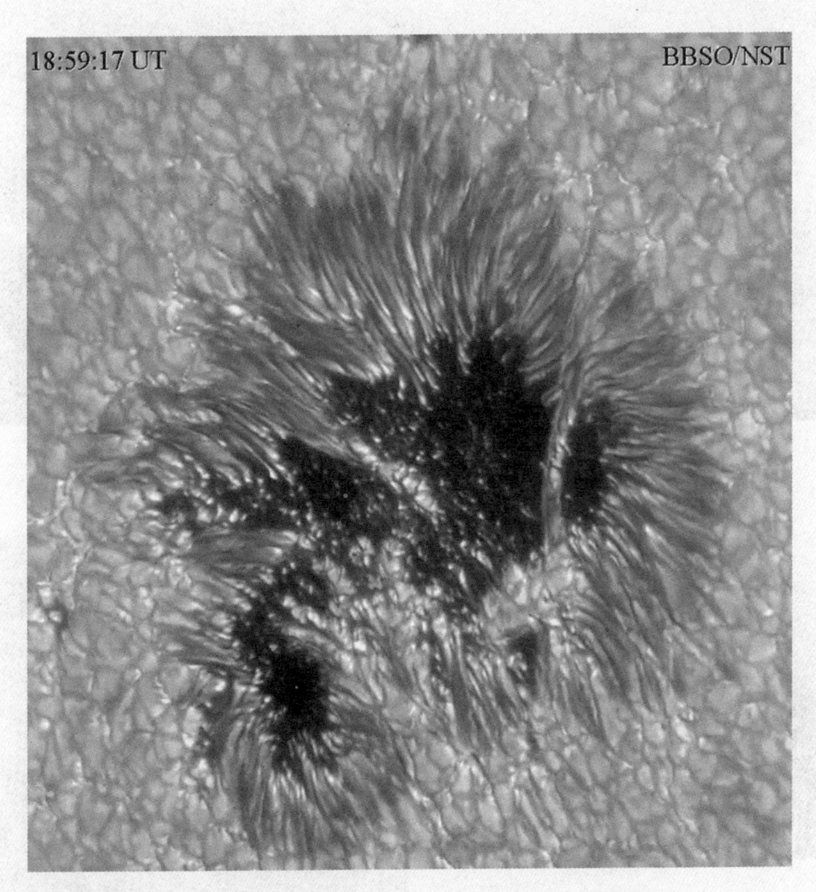

图 5–11　GST 观测的太阳黑子和米粒组织

图 5-12　抚仙湖观测站

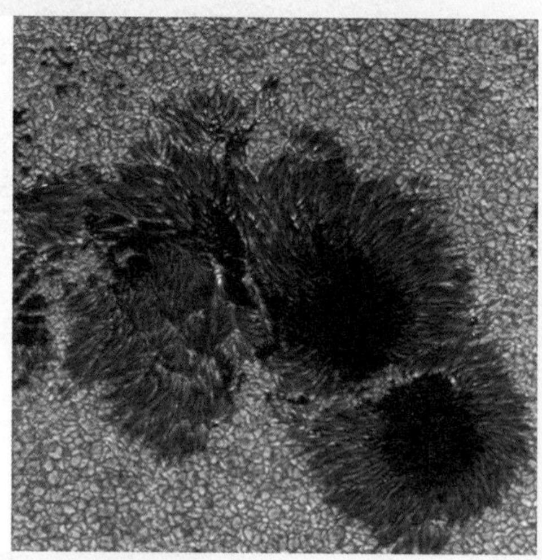

图 5-13　NVST 和观测的黑子

伫立在尽头。大熊湖海拔2000多米，大气通透度好，拥有良好且稳定的视宁度。尤其是夏季（6~9月份）干旱少雨，每天能有7~8小时持续稳定的黄金观测时间。当地独特的地理环境为太阳观测提供了得天独厚的条件，是全世界最好的太阳观测地点之一。通过GST看太阳光球层，最大角分辨率可达到0.034角秒，意味着我们可以看清太阳上尺度在100千米左右的物体。图5-11就是GST看到的太阳光球层的黑子和米粒组织。

是不是感到很意外？这么大的望远镜居然只能看清光球层上相当于地球上一座城市那么大的地方。实际上，这已经很了不起了。与我们人类熟知的日常尺度相比，宇宙太大了！太阳是距离地球最近的恒星，但日地平均距离足足有1.5亿千米。第二近的恒星——比邻星，位于半人马座，从名字就能看出来，这颗恒星与太阳比邻而居，但是这个邻居距离我们足足有4.22光年，将近40万亿千米！因此，太阳是整个宇宙中唯一一颗可以看清表面细节的恒星！

近年来，我国不但在太阳物理研究上取得了丰硕成果，在大口径太阳望远镜的设计和建造上也位于世界前列。中国科学院云南天文台在昆明市澄江县的抚仙湖畔建造了抚仙湖太阳观测站（图5-12）。图5-13就是该站的新真空太阳望远镜（NVST），是当前世界第四大地面太阳光学望远镜，主镜直径有1米。抚仙湖晶莹剔透，清澈见底，古人称为“琉璃万顷”。明代著名旅行家徐霞客在他的《徐霞客游记》中就有“滇山惟多土，故多壅流而成海，而流多浑浊，惟抚仙湖最清”的记载。借助于抚仙湖优越的地理环境和大气视宁度，NVST的观测能力仅次于GST，而且我国的观测时间可以与GST进行互补。这两台超级望远镜相互配合，促进了太阳物理的发展，也让我们对太阳的认识更上了一个台阶。

对科学的追求总是无止境的。当前世界上还有更大的望远镜正在酝酿或已经开始建造，包括计划中8米口径的中国大太阳望远镜（CGST）和正在建造的位于美国夏威夷的4米口径的丹尼尔——井上太阳望远镜（DKIST）。期待这些望远镜在未来给我们带来更多的惊喜。

读者朋友们可能会有疑惑，为什么这些太阳望远镜都放置在风景优美的湖边或海边？原因是越大口径的望远镜，对环境要求越严格，尤其是对视宁度要求高。视宁度，简单来说就是望远镜观测到图像的清晰度，主要取决于空气的稳定程度。地球厚厚的大气层，既是为地球保温“羽绒服”，又是抵御来自外太空的威胁“防弹衣”，这两个功能为我们熟知。但地球大气层厚度达到上千千米，不同高度处的温度、密度等差异很明显，这就造成空气中有很多漩涡，即大气湍流。大气湍流会使光不规则地变换方向。当我们仰望星空时，看到星星“一闪一闪亮晶晶”，这并不是“小眼睛”在和我们捉迷藏，而是大气湍流造成的。如果在几千米的高山顶上看星空，满天的星星几乎是不“眨眼”的。这是因为低层大气湍流更容易引起望远镜图像清晰度变差和图像扭曲。

阳光中大部分的热量会被地面吸收，地表被加热后，会通过热传导将热量传递给靠近地面的空气，造成低层大气温度升高。由于上层空气温度低，冷热空气上下对流就容易造成湍流。生活中，我们隔着火苗看对面的物体，会发现物体在“跳舞”。如果站在曝晒后的沥青路上看远方路面，你会发现远处的沥青路面也在不停扭动，好像是被高温蒸煮得沸腾了。这些都是因为物体发出的光线被充满湍流的热空气扭曲造成的。相比于地面，水在温度剧烈变化时就显得“宠辱不惊”，即不会被太阳一晒就升温，也不会很快降温。“近墨者黑，近朱者赤”，所以靠近水面的空气也得以保持稳定，不会骤热骤冷。因此，拥有一大片水域就成了太阳光学望远镜选址的一个重要参考条件。但是如果把观测站建在水边，不可避免会受水面雾气的影响。为了避开氤氲水雾，往往会在水边建一座高高的建筑——太阳塔，望远镜就安装在太阳塔顶部。除了前面提到的大熊湖太阳观测站和抚仙湖太阳观测站，国家天文台怀柔太阳观测站则是建立在怀柔水库边上。我国自行研制的多通道太阳磁场望远镜，就安装在高高的太阳塔上。

通过“巨眼”，我们看到了太阳黑子和米粒组织更多更清晰的结构变化。例如黑子半影纤维是由许多亮纤维和暗纤维混杂而成的。每条亮纤维都有明显的亮核，亮核后面是延长的尾部，就像一颗拖着长长尾巴的彗星。这些小彗星都是亮核在前，前仆后继冲进黑不可测的本影区后就消失不见了，很有精卫填海的魄力。

图 5–14　远眺怀柔太阳观测基地
（国家天文台　杨尚斌提供）

也有一些亮纤维会滞留在半影和本影的交界处，这些滞留的纤维又阻碍了后续的亮纤维进入本影，导致这个位置的亮纤维们越积越多，逐渐往本影里延伸，形成栈桥一样的结构。如果本影相对的边界都有“栈桥”，那这两条栈桥有时能连接起来，最后变成一条横跨本影的“亮桥”。这座桥看上去是由一块块依次有序排列的明亮“石头”砌成的。桥上热闹得很，各块“石头”像是有生命，一直在动来动去。加上黑子本影内出现的亮点，这些都预示着黑子比我们想象得更复杂，本影内部黑暗隐藏着我们现在还无法观测到的活动。

通过“巨眼”，我们也看清米粒组织。在望远镜的辨识能力不足的时候，这些米粒看起来都长得差不多。但在“巨眼”的高分辨率观测下，每个米粒的形状都是独一无二的，如图 5–15。虽然名字是“米粒”，但它们的大小可不是我们吃的米粒可比的。每个“米粒”的平均尺度有 2 角秒，大约相当于 1500 千米。所有的“米粒”时刻都在变化，它们的生命历程基本相似：出现、生长、成熟，最后

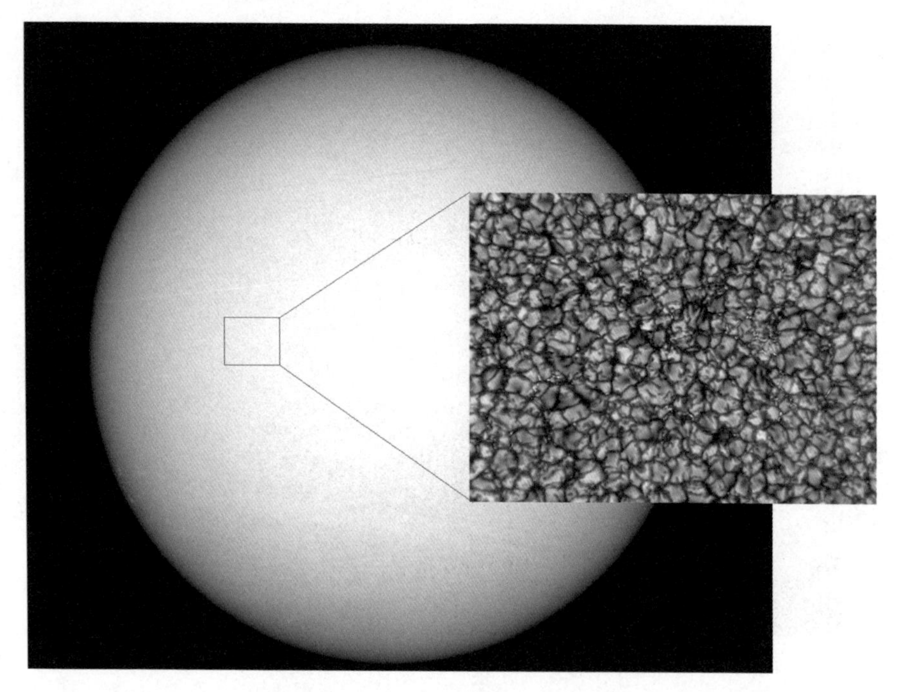

图 5–15　GST 观测的米粒组织

分裂成 2~3 个小“米粒”。“米粒”们的“一生”平均只有 8 分钟。米粒组织的快速生命周期，使得宁静区非但不宁静，反而一直在沸腾。

米粒组织这种永不停息的过程，是不是很熟悉？沸腾液体（如米粥等）的表面就类似这样，造成液体沸腾的原因就是对流。现代生活中几乎离不开的空调，就是使冷热空气对流来给室内制冷。空调内机一般都是放置在高处，这样冷空气从上往下，而热空气则从下往上，冷热空气混合达到迅速降温。米粒组织的变化，正是太阳内部的高温物质与上层低温物质之间发生强对流造成的。

虽然我们通过“巨眼”看到了光球层上前所未见的细节，但还有很多的疑问仍然没有得到解答，而且又有更多的问题浮出水面：太阳上为什么会出现黑子？黑子为什么会分为本影和半影？黑子为什么会有 11 年周期？为什么偶尔在黑子群中会有亮斑出现（如卡林顿耀斑）？……所有这些问题，都需要我们更深入地了解太阳才能解答。

第六章　一层粉色的大气——色球层

德国物理学家基尔霍夫为了解释太阳光谱暗线，曾经提出一个大胆的猜想：在发出连续光谱的太阳大气层（即光球层）之外，可能还有我们看不到的大气层。这层大气含有的元素种类跟光球层是一样的。光球层发出的光向外传播，经过更外层的大气。外层大气内的元素会“吞噬”掉同类的光，造成光球层连续光谱上出现暗线。基尔霍夫的猜测到底对不对？

根据原子物理学知识，现在我们知道，元素在“吃饱”以后，会变得不稳定，又会“吐出”同样数量同样波长的光。但是这些新光线的传播方向是朝向四面八方的，这就使得某个固定方向上（比如朝向我们）的光变少了。在明亮背景的映衬下，就显示出众多暗线。按照这个猜想，光球层之外可能有另一层大气。这层大气是什么样子的？为什么我们看不到？

第一节　会害羞的太阳

世界上最壮观的天象告诉我们，太阳光球层之外真的存在另一层大气，这个天象奇观就是日全食。

1842年7月8日，欧洲南部发生日全食。英、法、德、俄等国的天文学家们齐聚到南欧，观赏这次难得的天象奇观。当月球完全遮住太阳的瞬间，细心的人可以看到月球边缘有一圈美丽的粉红色光芒，有些地方还冒出暗红色的火柱或火墙。这些奇观引起了天文家们的注意：这层玫瑰色的光是太阳的还是月球的？暗红色火焰是太阳表面升腾起的火云还是月亮上喷发的火山？当时虽然已经把照相应用到天文观测中，但当时的技术还无法捕捉住月球恰好完全遮住太阳的瞬间。因此，甚至还有人质疑是不是在场众人的眼睛出现了幻觉？对日全食的这些变

图 6-1　日全食

图 6-2　日全食的不同阶段

化，英国天文学家哈雷（大名鼎鼎哈雷彗星的发现者）凭借经验做出一个判断，粉红光芒是月亮大气折射太阳光造成的。后来事实证明，睿智如哈雷，也会犯经验主义错误。

月球上是一个荒凉寂寥的世界，没有生命必需的空气和水，更不可能有嫦娥玉兔桂花树。因为缺少了空气这层“防弹衣”，月球被流浪小天体轰击成了“麻子脸”。利用望远镜，我们能清楚看到月球表面布满大大小小的陨石坑。那么，是什么样的经验让哈雷做出错误判断，以为月球上有空气呢？

傍晚时，夕阳西下，随着太阳靠近地平线，会从白色逐渐变成橘黄色，最后是粉红色，如图6–3。唐朝著名文学家韩愈在《悼李花》中就有：“日光赤色照未好，明月暂入都交加。”明代著名文学家杨慎的《临江仙》一词中也写道：“青山依旧在，几度夕阳红。”这些名句都生动得描写了傍晚时粉红色的太阳。太阳在初升时，也是粉红色的。随着太阳离地面越来越高，颜色也从粉红到橘黄最后变成白色。细心的读者也会注意到，月亮的“脸色”会随着高度发生与太阳一样的变化。图6–4就是月亮初升时的模样。

图 6–3　日出和日落时（恰逢日偏食）
（由南京天文爱好者协会　郑文龙供图）

不管太阳还是月亮，之所以会出现颜色随高度发生变化，是因为地球的大气层捣的鬼。大气层对阳光还有明显的散射作用。空气“欺短怕长”，会散射波长短的蓝紫色系光，而“放过”波长更长的红色系光。为什么我们白天在地面上看到的天空是蓝色的？就是因为蓝紫色系的光被散射到四面八方，使大气中充满了

图 6-4　初升的满月

图 6-5　地球大气层的“空气三棱镜”示意图

蓝紫光。而宇航员飞越大气层后，他们看到的天空是黑色的。波长更长的红光几乎不受散射影响，因此，绝大部分的红光能穿过大气层到达地面。在早晨或傍晚时，光斜射进大气层。所以，早晚时光到达地表前穿越的大气要比其他时刻厚很多。一部分蓝紫光被散射，导致原本应该是“七色”的阳光，只有剩余的蓝紫光和红色系的光能到达地表。

地球大气层的密度从上到下是逐渐增加的。如果把大气层看作一个整体，那大气就是一个超级大号的“空气三棱镜”，如图6-5。这个“空气三棱镜”也能够折射光线，只是效果比玻璃或水要弱。但是地球大气层的厚度有几千千米，对光的折射效果也是很可观的。早晚时，太阳靠近地平线。阳光穿过大气层时，这个超级“空气三棱镜”对蓝紫色光的偏折强，结果就是侥幸没有被散射的蓝紫光被偏折到地平面以下，而红色光由于偏折程度弱，最终被我们看到。

正是大气层的散射和折射双重作用，导致了太阳或月亮越是靠近地平线，看上去就越红。哈雷把地球上的经验复制到月亮上，把日全食时月亮边缘的粉红色光芒错认为是阳光被月球的大气层散射和折射的结果。

第二节 粉色光之谜

既然生活经验会误导我们，如果想要准确判断粉色光到底是来自太阳还是月亮，就需要对日全食进行更加细致的观察，用科学的方法进行研究。到19世纪50年代时，随着照相技术的发展，一个熟练的摄影师已经可以抓拍到日全食时月球恰好盖住太阳的瞬间。这样就可以把整个日全食过程永久记录下来，留待日后仔细研究。

1851年7月28日，天文学家贝尔科夫斯基利用一次日全食的机会，在普鲁士Königsberg皇家天文台（位于现在的俄罗斯加里宁格勒），使用一台6厘米口径的望远镜配合银涂铜板拍摄了世界上第一张日全食照片。1860年7月16日，欧洲大陆又发生一次日全食。英国天文学家德拉瑞在西班牙拍摄了这次日全食，并确认“红色火焰”是太阳本身的特征。由于这些红色火焰悬浮在太阳边缘，看上去就像是太阳佩戴的饰品。我国天文学家将其取名为“日珥”，“珥”是指女子的珠玉耳饰。

图 6-6　世界上第一幅日全食照片

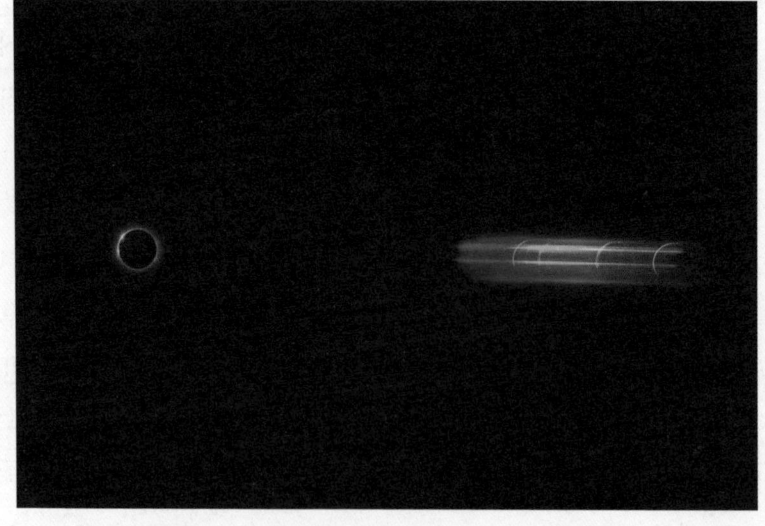

图 6-7　天文爱好者拍摄的色球闪光谱

后来又经过多次日全食观测，天文学家终于确认月球边缘的粉红光也是来自太阳。日全食时，月球完全挡住了光球层，所以这粉色光是从比光球层更外层的太阳大气中发出来的。基尔霍夫的猜想是正确的。1869年，天文学家洛克耶和弗兰克兰将这层粉色大气命名为色球层。

我们终于确认了光球层之外色球层的存在，但随之又带来一系列问题：光球层发出的是“七色光”混合成的白光，为什么色球层只发出粉红光？色球层是不是真像基尔霍夫猜想的那样，会“吞噬”光球层发出的其他颜色光？我们怎样才能看到太阳色球层的正面，而不仅仅在日全食时看它的侧颜？太阳边缘的红色火焰又是什么？

面对众多问题，无所适从之际，天文学家们想起了宇宙终极武器——光谱分析法。天文学家们首先精确计算出日全食时各个阶段的时间和月球“食”日的路径，把狭缝对准太阳边缘，保证在食甚时色球层的光恰好通过狭缝进入分光仪器。日食开始后，随着太阳被月球一点点“吃掉”，光球层的吸收光谱亮度逐渐减弱。在太阳完全被月球挡住的瞬间，让人惊讶的一幕出现了，只见眼前突然一闪，本来就已经黯淡的彩色背景加众多暗条纹的吸收光谱彻底消失了，突然闪现出的是明亮的彩色背景上一条条的亮条纹。原来这就是色球层光谱。因为是一闪出现的，色球光谱通常又被称为闪光谱，如图7。

闪光谱给我们的第一感觉就是由各种元素的特征谱线重叠到一起形成的。这也说明色球层包含各种元素。我们还发现在闪光谱的众多亮谱线中有一条特别明亮的红色谱线，它的亮度可以说是“鹤立鸡群”。正是因为红色光在色球层光芒中占绝对优势，所以我们看色球层是粉红色。

这条谱线的波长为6562.8Å，是氢元素（H）发出来的，又称为Hα谱线。这条谱线是太阳无数条谱线中的“明星人物”，在太阳物理领域里说起Hα谱线，无人不知，无人不晓。

仔细比较光球吸收光谱和色球闪光谱，会发现很多吸收光谱上的暗线和闪光谱的亮线是一一对应的。像色球层最亮最强的Hα线，就对应光球层吸收光谱上的一条粗壮暗线。光球层发出的Hα光被色球层的氢元素“吞噬”一部分，亮度仍然能够在色球层的所有光线中占绝对优势。但在色球层“鹤立鸡群”的Hα光，在光球层超强连续光谱对比下就成了“暗”的。就像黑子，在6000摄氏度的光球层映衬下，就只能委屈自己看起来是“黑”的，实际上黑子温度最低的本影区域，温度仍然高达4000多摄氏度，比地球上炼钢厂里铁水的温度（约1000多摄氏度）还要高。

虽然Hα光也属于可见光，但我们直接看太阳时，粉红色的色球层就被淹没在光球层的强烈白光中。“正常”情况下，我们无法从正面看色球层。怎么样才能直接观测色球层？

在科学家面前，困难是成功道路上的高山，注定是要被克服、被翻越的。直接观测色球层这个难题，就被美国天文学家海耳征服了。

图 6–8　美国天文学家海耳

第三节　可以筛选光的筛子

海耳在童年时代就对太阳有极大的兴趣。1886年，海耳考入麻省理工学院攻读物理学。他在学习之余仍然不断地探索观察太阳的新方法。有一次在火车上，邻座的一个儿童用红色透明糖纸挡在眼前，边看边说："看呀，妈妈变红了，叔叔变红了！"隔着红纸看到的颜色都是红的，那是因为红纸能吸收其他颜色的光，只让红光通过。海耳由此得到灵感：太阳光是由多种颜色的光组成的，能不能制造一个特殊的"筛子"，把其他颜色的光都筛除，只留下我们感兴趣的光呢？

受到这个启发，海耳在1889年提出太阳单色光成像仪的原理。1892年，海耳利用太阳单色光成像仪拍摄到人类历史上第一幅全日面单色像——太阳色球（Hα）像。

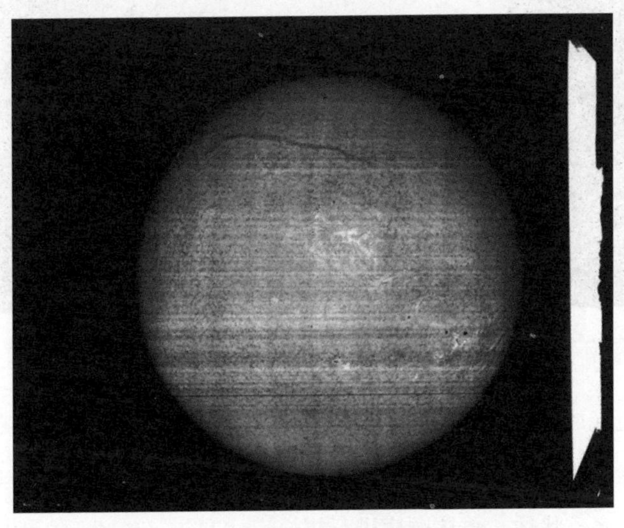

图 6-9　世界上第一幅太阳色球像
（能看到明显的条状拼接痕迹，北半球有横跨半个太阳的大暗条和南半球的黑子群。）

海耳的单色光成像仪不仅能够让我们能够直接从正面看色球层，还有更深层的意义，我们可以任意挑选感兴趣的光来看太阳。

除了早已被发现的日珥，色球层上还有更多特征。在图6–10上能看到有长条状的“乌云”，即暗条；也能看到黑子，周围也有亮斑，称为谱斑。布满整个日面的不再是米粒组织，而是一簇簇绒毛状短纤维。这些短纤维无风自动，或左右摇摆，或原地旋转。如果把光球层比喻为一片荒凉的沙漠，那色球层就是飘着几片乌云的生机勃勃的大草原。

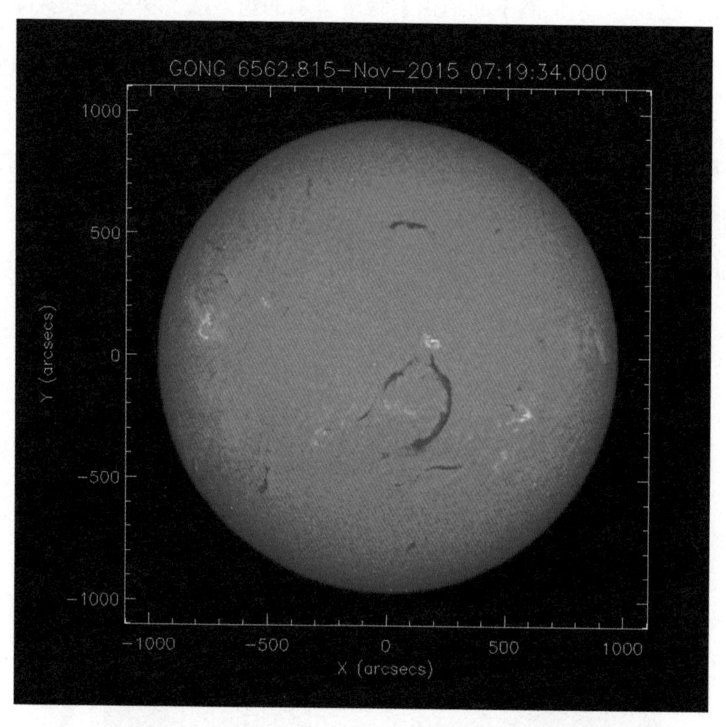

图 6–10　色球层（2015 年 10 月 16 日，GONG 拍摄）

太阳单色光成像仪的优点很明显，可以任意选择谱线，结构简单稳定，但缺点也是不容忽视的：每次只能拍摄太阳的一个条状区域，要想得到全日面相，需要依次拍摄很多条状像，再按顺序进行拼接。1933年，法国天文学家李奥发明了双折射滤光器，这是真正意义上的可以任意过滤光线的“筛子”。如果将双折射滤光器设计成只让Hα谱线通过，再装入太阳望远镜中，就能够直接观测整个太阳色球层。1939年，李奥建成世界上第一台真正的“太阳色球望远镜”！云南天文台抚仙湖太阳观测站内，NVST和ONSET都可以利用Hα滤光器观测色球层（如图6-11）。从此以后，太阳色球层就成了常规观测目标，对太阳色球层的研究也如火如荼发展起来。

图 6-11　云南天文台抚仙湖观测站（南京大学　李臻提供）
（右前：南京大学 ONSET 望远镜；左后：云南天文台 NVST 望远镜）

第四节　色球层上空的“乌云”

与光球层相比，色球层上不但观测特征更多，也更变化多端、精彩纷呈。最早被熟知，也最显眼就是日珥了。在色球层图上，还能看到另一个长条形的显眼物体，那就是暗条。

如果一直跟踪日珥，会发现随着太阳自转，日珥逐渐移动到日面中，就变成了暗条。原来暗条和日珥是同一个物体从不同角度看形成的错觉。如图6–12显示，如果出现在日面中，就是暗条；如果在太阳边缘，就成了日珥。暗条本身是有一定亮度的，但是由于密度很高，吸收色球层的光，再加上色球层本身亮度远远超过暗条，所以看起来是黑的。但“金子总是要发光的”，当暗条随太阳自转来到边缘，在黑暗宇宙背景的映衬下就变成了明亮的日珥。暗条的整体轮廓就在我们头脑里产生了：两端扎根在色球层，但主体凌空在色球层上方。

暗条在日面上分布得非常广泛，不挑地方，不管是黑子附近，还是宁静区，不管是靠近赤道，还是在极区，都能发现它们的踪迹。暗条的形状也多种多样，有的粗长，有的细短，有的主干上多枝杈，有的则很光滑。暗条形态各异，而且位置飘忽不定，必须对它们进行归类，才能更好“管理”。图6–13中可以看到色球层上各种形态尺度、不同位置的暗条和日珥。

根据暗条位置的不同，可以把它们分成活动区暗条和宁静区暗条两大类。图6–14中就是活动区暗条，只在活动区出现，也就是黑子群中的暗条，它们主干光滑纤细，一般不会超出活动区范围。而图6–15显示的就是一个典型的宁静区暗条，一般出现在宁静区，身躯粗壮，长短不一，较长的宁静区暗条甚至能够横跨半个太阳。宁静区暗条还有一个特点，在主干两边经常会出现一些“腿”，看上去就像是暗条太笨重，需要更多的腿来支撑住庞大的身躯一样。“罗马不是一天建成的”，这些庞大的宁静区暗条也不是一下子长成的。一般先是出现紧邻的几段小暗条，这些小暗条慢慢长大，连接到一起就成了巨型暗条，整个过程往往需要几天到十几天的时间。

等暗条转到日面边缘时，成了日珥，我们可以看清暗条的侧面形状。日珥千姿百态，有的如浮云烟雾，有的似飞瀑喷泉，有的好似一弯拱桥，真是“横看成岭侧成峰，远近高低各不同”。图6–16展示了各种形态的日珥。

一般情况下，暗条形态稳定、变化缓慢，甚至一生都处于“冬眠”状态，整体形状保持不变。如果通过“巨眼”来看暗条，我们会发现微弱蠕动的暗条（或

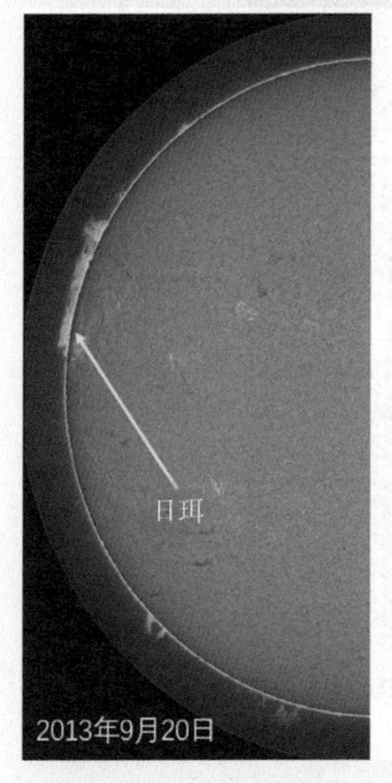

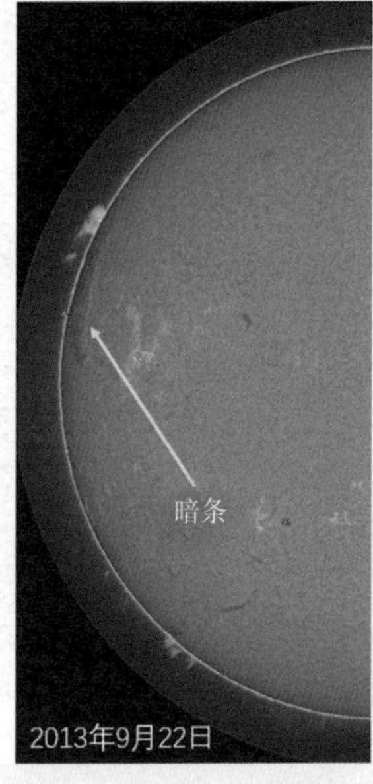

图 6-12　日珥与暗条
（左图箭头指示日珥，两天后转到日面，即为右图箭头指示暗条）

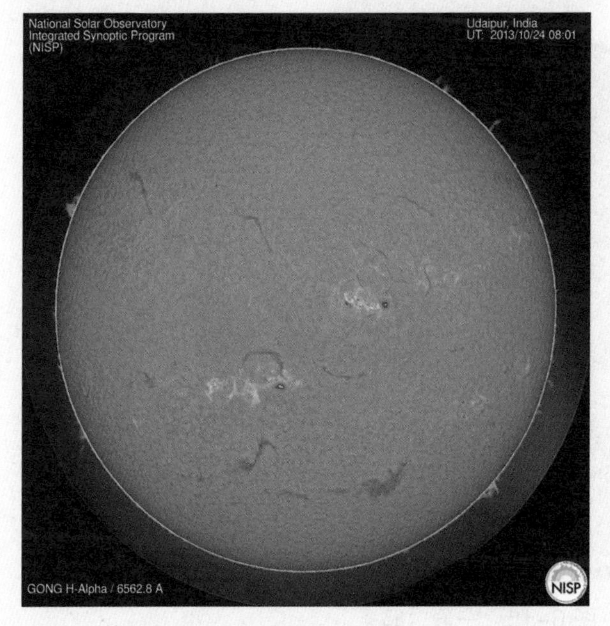

图 6-13　色球层上日珥和暗条

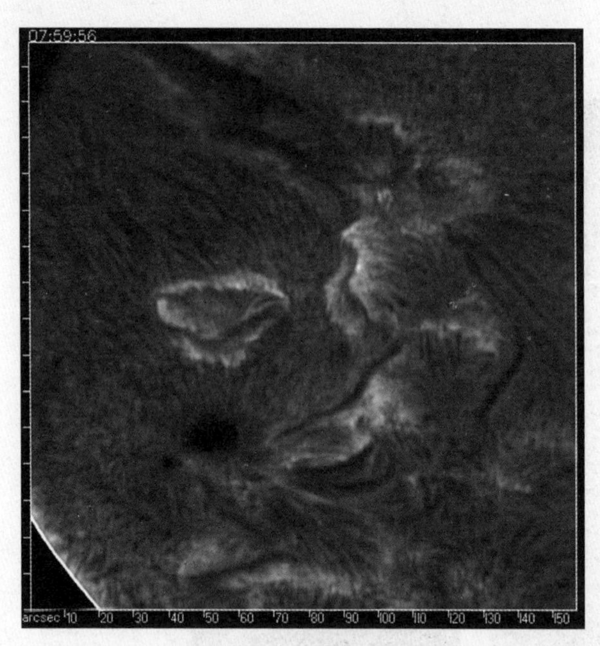

图 6-14　活动区暗条
（上方为宁静区暗条的一部分）

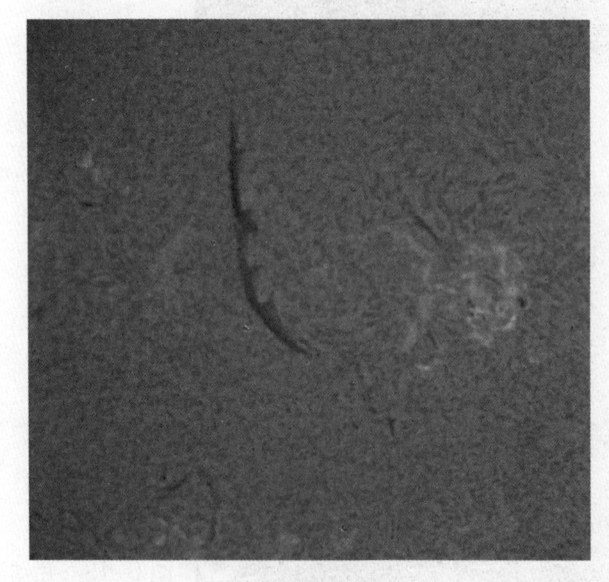

图 6-15　宁静区暗条
（左边为一个黑子群）

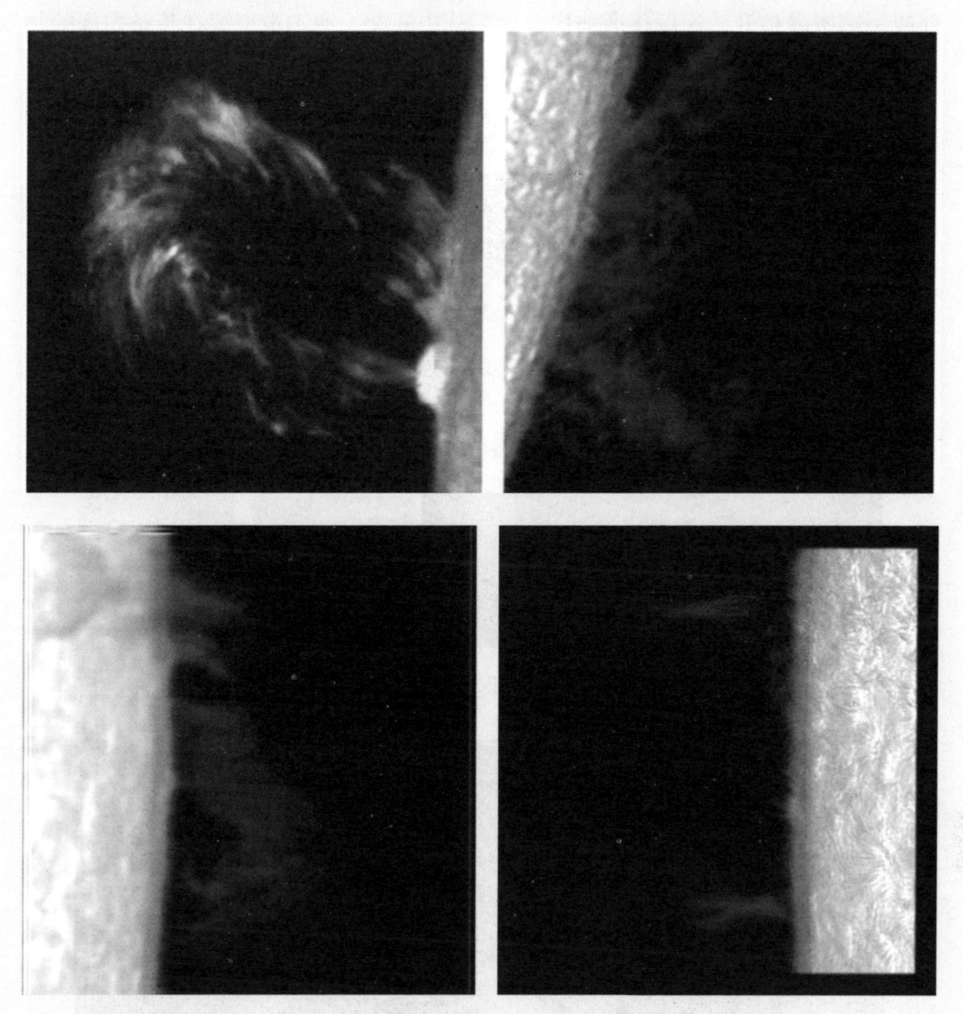

图 6-16　日珥

日珥）内部非常活跃，各种丝状物质纵横交错，不停流动。但也有些暗条不安于现状，不甘心平庸度过一生，它们“老骥伏枥，志在千里”，以“不在沉默中爆发，就在沉默中灭亡”的精神，等待一个恰当的时机爆发。这些暗条首先会从中部或一端缓慢抬升，速度逐渐加快，最后从中断裂。原本被束缚在暗条内部的物质会猛烈喷出。与此同时，在太阳表面出现两条或多条的亮带。如图6-17就是一个暗条爆发过程。

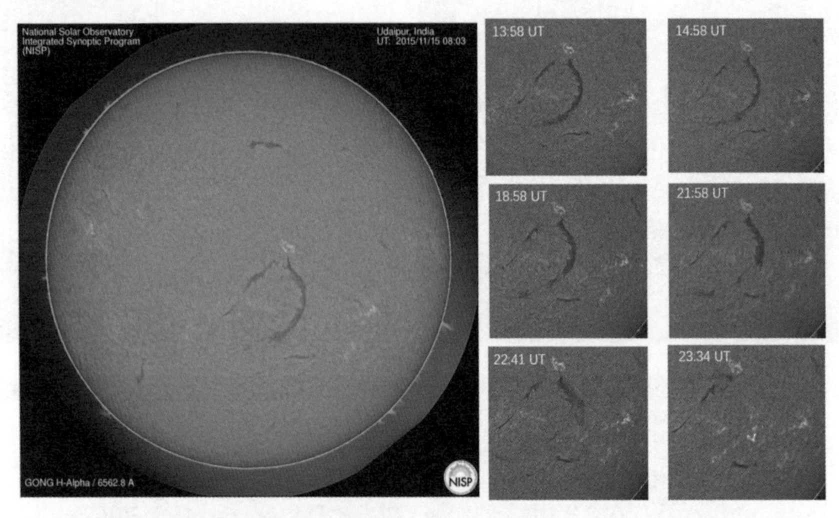

图 6-17　宁静区暗条的爆发过程

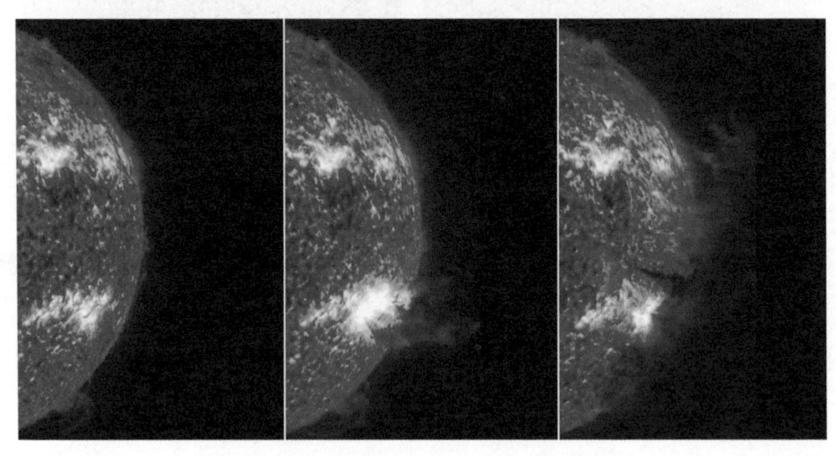

图 6-18　“失败”的宁静区暗条爆发

活动区或宁静区暗条都有可能爆发，其中最为壮观的是巨型宁静区暗条爆发。然而，暗条也不是每次都能成功“越狱”，因为它们希望“逃离”的是有强大引力的太阳。比如，有些暗条在抬升过程中就因为力量不足，很快就整体回落。甚至有些暗条都已经爆发，整体断裂，汹涌喷发出去的暗条物质又被强大的太阳引力拉回来。如图6–18，大团大团的暗条物质从高空坠落，把太阳撞击得火花四溅，整个场面就像地球上的火山喷发，非常壮观。

活动区暗条虽然个头小，但小小的身躯内藏着巨大的能量，爆发时闹出的动静比宁静区暗条有过之而无不及。而且相比于宁静区暗条，活动区暗条爆发速度快，短时间内在黑子群中骤然释放出巨量能量，就像把活动区这个“火药库”点燃了，整个活动区都被耀眼光芒遮住。这个现象又叫作耀斑，是太阳上最剧烈的爆发活动之一。

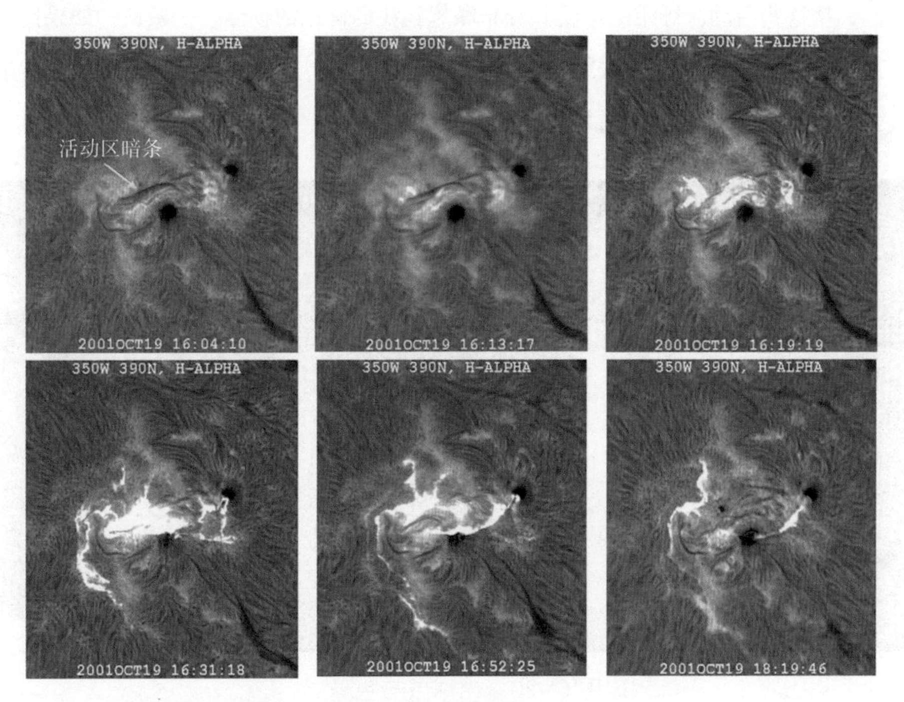

图 6–19　活动区暗条爆发引起耀斑

第五节　太阳是块超级磁铁?

太阳的光球层和色球层，有很大不同。光球层是单调的，除了活动区的黑子，其他地方就只有如出一辙的米粒组织。而色球层就有趣得多，黑子外是各种色球纤维。这些纤维也不一样，对应米粒组织的纤维粗短，而在黑子周围的色球纤维细长而弯曲，一端连接在黑子周围，另一端则向外发散或连接到另一个黑子附近，看起来好像是黑子与周围区域或其他黑子之间有某种神秘联系。富有想象力的科学家们，从这些活动区纤维的形状和分布联想到我们常见的物体——磁铁。如果把铁屑或小磁针等随便撒在磁铁周围，会发现它们的位置分布变得规律，连成一条条线，线的两端分别连接在磁铁的南北极。

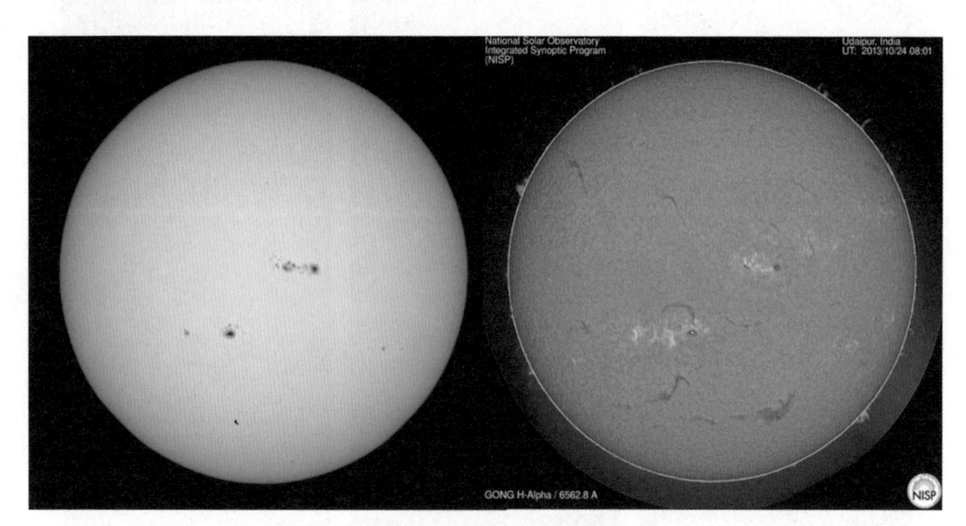

图 6-20　光球层与色球层
（左图：SDO 观测的光球层；右图：GONG 观测的色球层）

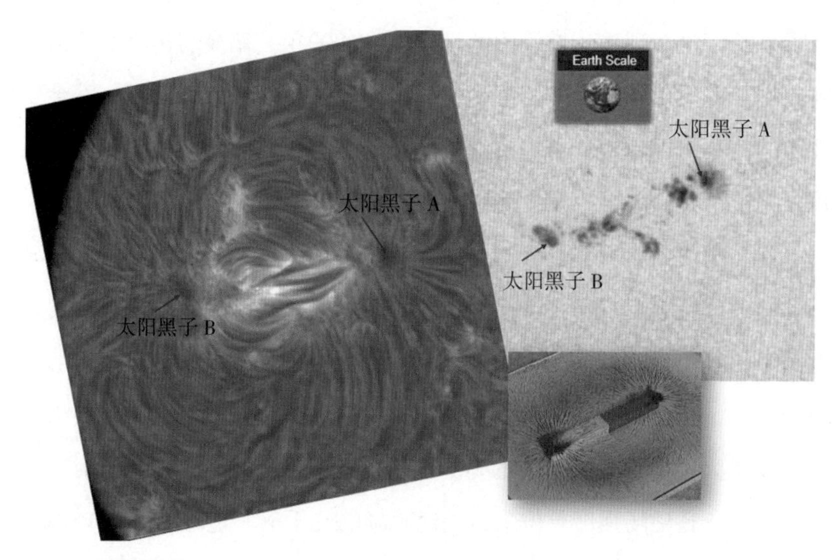

图 6-21　类似条形磁铁（偶极磁场）的色球纤维（NVST 观测）

如果这个联想是对的，难道黑子就是太阳上的磁铁？

除了生活中常见的各种磁铁，我们的地球本身就是一个大磁场。我国是世界上最早发现并使用地磁场的。传说中，黄帝部落与蚩尤部落大战时，蚩尤能够吞云吐雾，让人在浓雾中迷失方向。黄帝则发明了指南车，这样部落战士即使在迷雾中也能准确找到敌人。我国古代的四大发明之一指南针，就是利用地磁场来指示方向。地球有磁场，是因为地核内部是强磁性的铁和镍。但太阳上的元素主要是氢和氦，那磁场是怎么产生的呢？仅仅依靠形态相似就断定太阳上有磁场是不是太草率？

最终，又是海耳解开了太阳磁场这个谜题。

可是我们无法登陆太阳，也无法放置仪器到太阳这个大火球上，那应该怎么测量磁场呢？海耳能够解开太阳磁场之谜，利用的是一个巧妙的光磁相互作用——塞曼效应。

1896年，荷兰物理学家塞曼在观察强磁场中钠火焰的光谱时，发现钠光谱的D线好像变宽了。他经过多次实验验证，最后确认实际上是D线发生了分裂，从一条变成了多条。这个现象，被称为塞曼效应。1902年，塞曼与洛仑兹凭借这一发现共同获得了诺贝尔物理学奖。理论上来说，每条谱线穿过强磁场，都会发生分裂，裂距的大小（即新谱线与原谱线的波长差）与原谱线的波长成正比关系。波长越长，裂距就大，谱线的分裂就越容易被观察到。

1908年，海耳设计并主持建造了一座18米高的太阳塔，用来测量太阳光谱。太阳塔的楼顶放置望远镜，把太阳光引入楼下的光谱房和暗室。海耳要建造这么高的太阳塔，是因为望远镜越高，越能够避开低空的大气湍流，不但能够看清更细更弱的谱线，还可以分清紧邻的谱线，这对于测量谱线分裂非常重要。经过实验，海耳发现黑子位置处的谱线的确分裂了，并根据裂距估算出黑子对应上千高斯的磁场（高斯是磁场强度单位），是地磁场的几千倍（地磁场只有0.5高斯）。我们终于得到了太阳磁场分布，图22就是2013年6月20日观测的太阳磁场图。

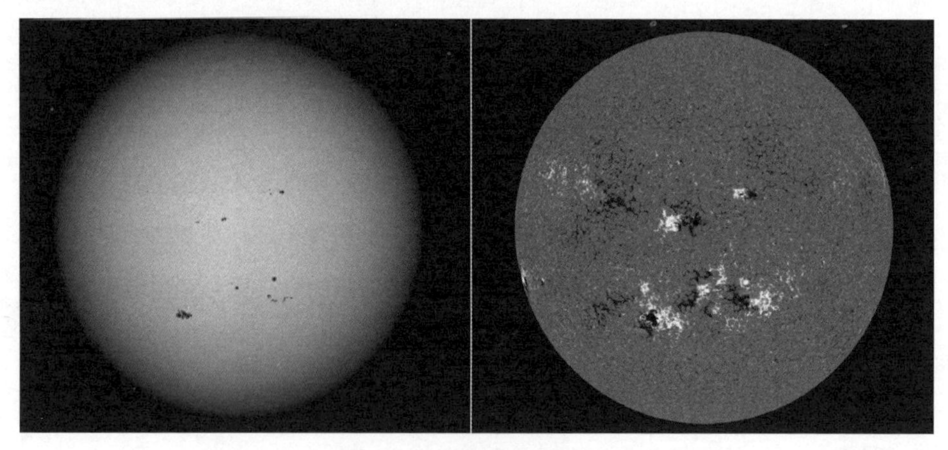

图 6–22　光球图和磁场图
（SDO 观测）

如果黑子位于强磁场区域，那么太阳上其他地方有没有磁场呢？为了精确测量太阳表面更微弱的磁场，海耳在1912年又建成高达45米的太阳塔，发现除了黑子附近的强磁场，太阳的宁静区还普遍存在着强度约10高斯的磁场。我国国家天文台怀柔太阳观测基地（图6–23）也利用多通道磁场望远镜，对太阳磁场进行监测。

图6-23　国家天文台怀柔太阳观测基地多通道太阳磁场望远镜
（国家天文台　杨尚斌提供）

磁场很特殊，它的磁力线是闭合的，无头无尾，无始无终。每次磁场“粉墨登场”，必然是正负两极同时出现，没有磁单极存在。黑子随着太阳自转从东往西运动。一个黑子群中，总会有一个黑子“走”在最前面，领导着其他黑子们一起前进。这个黑子就叫作引导黑子，而追随在后面的黑子，叫作后随黑子。天文学家们在研究黑子磁场的时，发现一个有趣的现象：南北半球的引导黑子对应的磁场极性居然是相反的。如果北半球引导黑子的磁场是正极性，那南半球的引导黑子对应的磁场必然是负极性的。原来太阳南北半球的黑子，相互之间的不但有“地域歧视”，从不会越过赤道进入对方地盘半步，还有“极性歧视”。

引导黑子的极性不但会跟对面半球的相反，还会跟未来的“自己”相反。科学家们发现，在一个黑子周期内，同一个半球内所有引导黑子的极性都是一样的。但到了下一个周期，这个半球内的所有引导黑子的极性会与上一个周期相反。到第三个周期时，引导黑子的极性相反再相反，“负负得正”后，就跟第一个周期时一样了。

人们已经发现太阳黑子的数量和位置是周期性变化的，即11年黑子活动周。海耳提出如果把黑子和磁场看作一个整体，考虑到引导黑子的磁场极性变化在两个黑子活动周后又恢复相同，太阳黑子的真正周期应该是22年。

第六节　充满活力的“大草原”

图6–24是NVST观测的一个日珥，细心的读者会注意到太阳边缘有两层，底下一层平滑，再往上是却粗糙许多，看上去像是杂草丛生。这个锐利的边缘，就是光球层。这是因为光球层发射的可见光，虽然有一部分被色球层吸收，但大部分还是会穿过色球层被我们看到。这也是为什么在色球层上，我们仍然能看到黑子。锐利的光球层边缘往上，杂乱无章的“野草”，就是大小不一的色球纤维。图上也能看到色球层表面像草原一样的，布满了各种色球纤维。

日本在2006年发射了名为Hinode（日出）的太阳卫星，搭载了一台口径为50厘米的光学望远镜SOT。利用太空优越的观测环境，得以看清了色球边缘，如图6–25。色球层看起来很杂乱，实际上是因为色球层表面有许多细长如丝的“野草”。它们纵横交错，无风自摆，还有明亮物质沿着草叶从下往上流动，速度能达到10千米/秒。这些“野草”宽度仅仅0.1角秒，只有通过太空中的“巨眼”才能看清，实际上它们的粗细也将近100千米。仔细看，这些“野草”并不是均匀地铺满色球层，而是一簇簇一丛丛聚集在一起，看起来与松针极为相似，因此被叫作针状体（图6–26）。

黑子之外的太阳表面，光球层上布满了玉米粒一样的组织，这些“玉米粒”基本都是一样的，色球层上则是一片“草原”，而且“牧草”有明显的差异，形态分明（图6–27）。有些牧草是修长笔直的，有些则是扭缠的。如果看视频，直牧草有轻微的左右摆动，而扭缠牧草则外绕中心旋转，顺时针逆时针都有，看起来就像是玫瑰花。

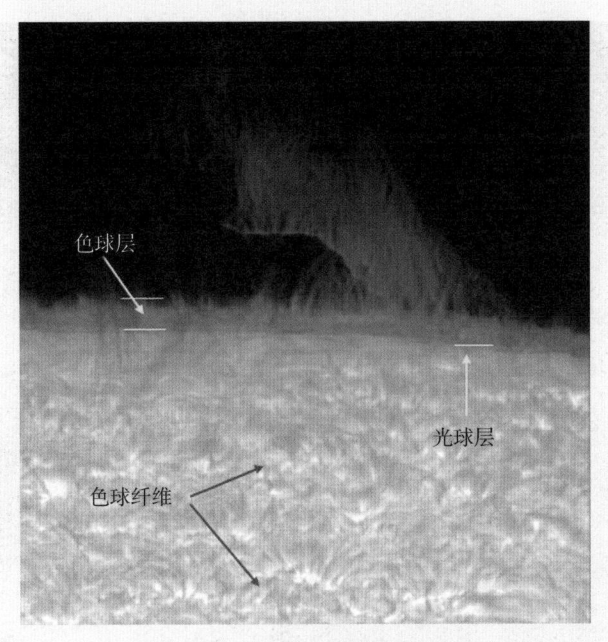

图 6-24　日珥与色球层边缘
（NVST 观测）

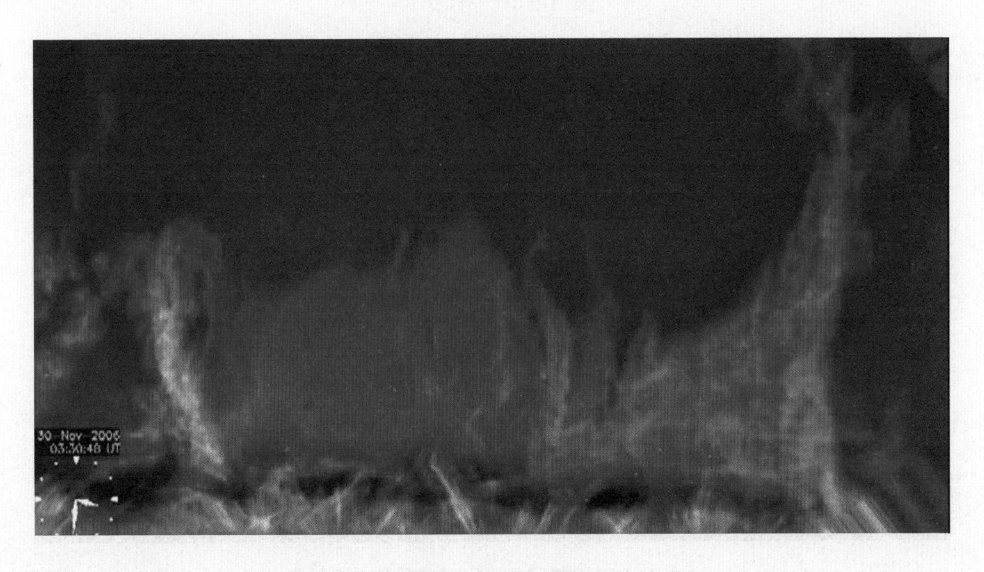

图 6-25　日珥
（Hinode 卫星拍摄）

图 6-26　针状体

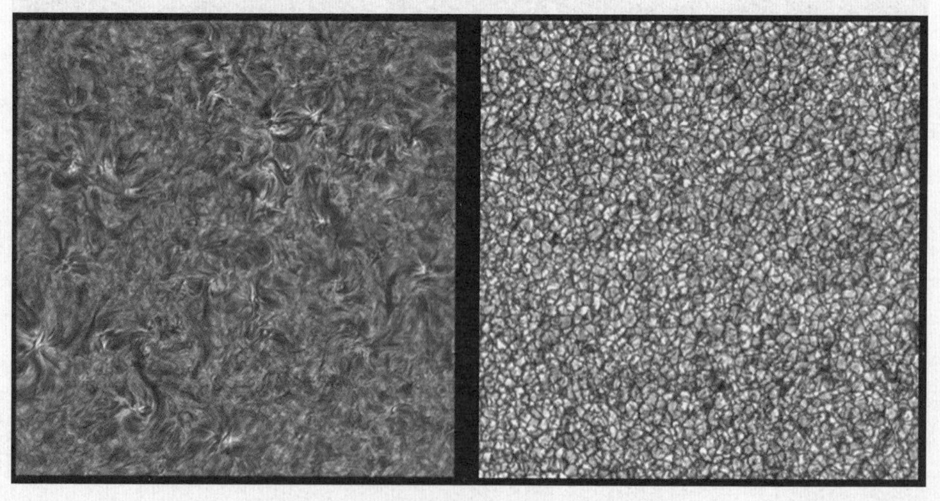

图 6-27　在同区域色球层和光球层
（NVST 观测）

第七节　太阳上的大爆炸

在第四节中，我们介绍当暗条成功爆发时，往往会在附近产生强烈的光芒，随后出现几条亮带，尤其是黑子群中的活动区暗条，它们爆发的速度快，引起的光芒也特别耀眼。强光来得快，往往几分钟就达到最亮，就像是黑子群里发生了一次大爆炸，然后亮度慢慢减弱，在爆发暗条两边区域还会出现几条亮带，这种现象称为色球耀斑。

黑子群的变化越复杂，越容易产生耀斑。根据统计，一个太阳活动周期间，总共能爆发数万次不同规模的耀斑。在活动周极大期的2~3年内，黑子数目最多，耀斑爆发最频繁，有时候同一个黑子群会在一天内爆发多次强耀斑。

耀斑的亮度强弱、亮带形状和光芒面积等都不一样，对这些耀斑进行恰当的分类是有必要的。如果根据亮带形状进行分类，耀斑可以分成两大基本类型，致密耀斑和双带耀斑。致密耀斑规模小，一般就只出现一团亮斑，只有单调的亮度强弱变化。相比之下，双带耀斑的爆发过程要精彩许多，爆发的剧烈程度也远超致密耀斑。爆发时黑子群在几分钟内迅速闪亮，然后亮度缓慢减弱，整个过程往往能够延续一个多小时。在耀斑光芒黯淡以后，几条亮带和亮斑会悄然出现在黑子群中，如果以暗条原来位置来划分，我们发现这些亮带不管有多少条，都分别位于暗条的两边，被暗条分成两组。这些亮带会变宽变长，同时在一股神秘力量的拉扯下，往外扩散，相互远离。双带耀斑有时候也会在宁静区爆发，如图6–28。宁静区暗条先抬升，然后断裂并成功喷发，就会产生双带耀斑。

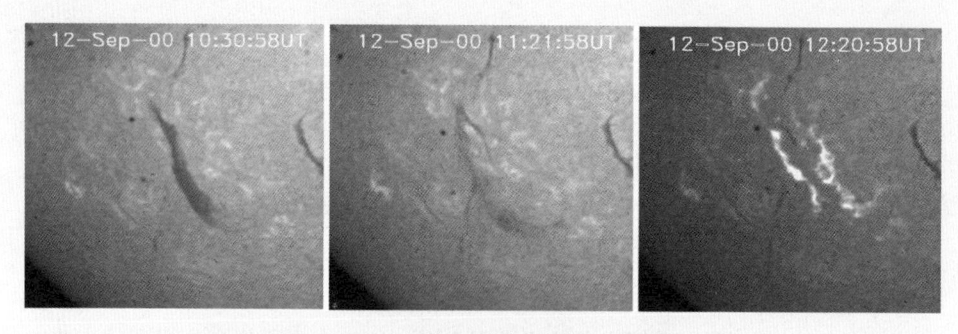

图 6-28　宁静区暗条触发双带耀斑

左：暗条刚开始抬升；中：暗条开始从中断裂；右：暗条消失，双带耀斑爆发

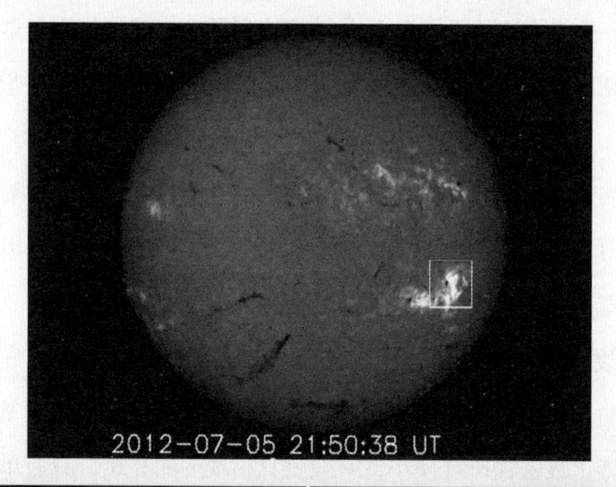

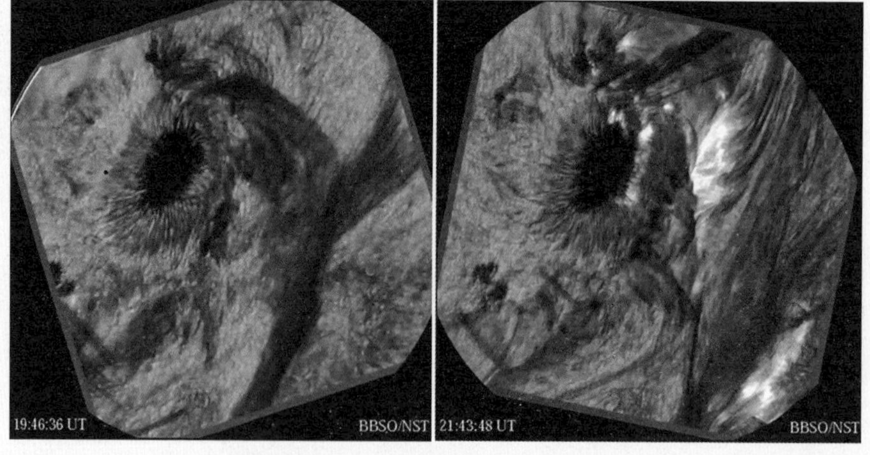

图 6-29　活动区暗条爆发引起耀斑

是不是双带耀斑的导火索就是暗条爆发呢？如图29所示的2012年7月5号的一次耀斑，是10厘米口径的GONG太阳色球望远镜拍摄的，因为分辨率不够，只能模糊看到在耀斑爆发时有暗条爆发，但无法看清耀斑爆发前暗条的变化过程。幸运的是，当时大熊湖太阳天文台BBSO的GST也恰好对准这个黑子群，让我们看到从暗条开始变化到引起耀斑爆发的整个过程如图6–27（下）。黑子群中的暗条像是一根由许多细丝缠绕成的麻绳，这些细丝不停地相互缠绕蠕动，速度越来越快，最后抛射出去，随后有亮带出现在黑子周围。看来暗条真的是触发耀斑的主要因素。

看到色球双带耀斑的亮带或亮斑，是不是感到似曾相识？对！1859年卡林顿在黑子群中看到那对月牙，就是一次典型的双带耀斑。因其是发生在光球层的双带耀斑，又叫白光耀斑。天文学家发现与色球耀斑相比，光球层的白光耀斑非常少。从卡林顿耀斑到现在，仅有100多次关于白光耀斑的记录。所以卡林顿是非常幸运的。他看到了一次罕见的白光耀斑，这是人类第一次观测到太阳耀斑，更是有记录以来最剧烈的一次耀斑！遗憾的是，在卡林顿生活的年代，我们还没有发明滤光器，无法观测当时色球层上的情形，但相信一定非常壮观。图6–30是2017年9月6日爆发的X9.3级耀斑，是近十年太阳上爆发最大级别的耀斑，明亮耀眼，照亮了太阳西半球。

图 6–30　X9.3 级耀斑
（左：光球层；右：极紫外 304Å）

为什么紧密相邻的两层太阳大气，耀斑爆发的概率却相差这么多？耀斑本质是太阳大气在短时间内突然释放出大量能量。色球层的大气密度要比光球层低几个数量级，我们可以把色球层和光球层简单类比成地球大气层与坚实地面。在地球上，如果一枚炸弹凌空爆炸，产生的爆炸波会往四面八方传播，破坏力主要在空中，而地面以下密度硬度都比空气高，受到的影响相对很小。所以，我们很少在光球层看到耀斑的原因，可能是由于耀斑爆发的初始位置就在色球层！

根据天文学家的估计，一次普通的耀斑，爆发时释放出的能量是非常大的，相当于百亿颗核弹同时爆炸。如果耀斑发生在地球上，足以让地球粉身碎骨，彻底毁灭，我们应该庆幸，太阳离地球足足有1亿5000万千米。但在第一章中，我们也介绍了太阳耀斑爆发会从其他途径来影响地球，比如破坏卫星等各种飞行器，通过影响地球磁场从而大规模地破坏电路系统、干扰无线电导航等。耀斑，就像是太阳发火。

那么太阳为什么会无缘无故“发火”呢？

黑子是太阳上强磁场聚集的区域，储存了大量的磁能。一般来说，如果活动区内只有一个或几个黑子，那这个活动区基本就是稳定的，储存的磁能也会很安定。但如果许多黑子聚集成群，再加上这些黑子相互吞噬或旋转，这个活动区的磁场形态就变得更加复杂，会产生一些额外的磁能。这些多余的磁能让整个活动区变得像活火山一样，时不时爆发一下，把多余的能量释放出来，这就产生了耀斑。

图6-31是这次X9.3级耀斑爆发的黑子活动区在几天内的演化。本来是一个简单结构的圆形黑子，但在2017年9月3号时发生了明显变化。大黑子周围新生出几个黑子，表示有很多新磁场从光球下浮出来，扰乱了原来稳定的磁场结构，最终导致了大耀斑爆发。

粉红的色球层是神秘的。色球层也主要发射可见光辐射，因此总是淹没在光球层炫目光芒里。由于色球可见光主要集中在Hα谱线，可以通过专用望远镜（日珥镜或加装Hα滤光器）才能直接看到它的真面目。

粉红色的色球层是神奇的。色球层上既能看到黑子，也有横跨半个太阳长达

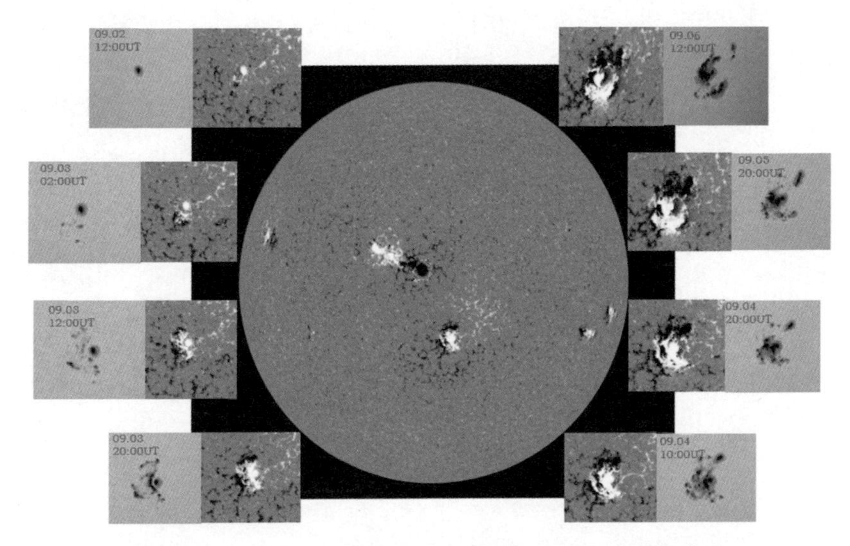

图 6-31　M9.3 级耀斑对应的光球层黑子和磁场演化

百万千米的巨型暗条，还有小到一簇簇只有几百千米的针状体。暗条既可以静如处子，又会突然爆发。色球上还可能有超过百万颗核弹大爆炸的耀斑。

与荒凉单调的光球层比，色球层观测特征更多，爆发活动更精彩。色球层还有一个区别显著的特点，那就是温度要比光球层高，而且温度是随高度逐渐增加的。正常情况下，如果没有额外的加热来源，一个物体的温度应该从内往外逐渐降低。比如，太阳核心的温度达到千万度，再往外，温度逐渐降低的，到光球层时温度只有6000摄氏度（黑子处温度大概为4500摄氏度）。光球层的厚度只有500 千米，温度变化很小。但是，在光球层顶部，温度却迅速下降到4500摄氏度，这个区域位于光球层与色球层的交界，又被称为太阳温度极小区。但是，从温度极小区，也就是色球底部再往上，太阳温度变化开始反常，随高度增加而升高！上升2000 千米后到达色球顶层，温度已经反常增加到几万摄氏度！

在精彩纷呈的色球现象背后，还隐藏着众多的未知之谜：暗条是怎么产生的？为什么会突然抬升？耀斑如何爆发？什么造成日珥内部复杂的物质运动？色球层大气温度为何反常变化？……这些都需要我们更深入探索太阳。

第七章　“隐形”的王冠——日冕

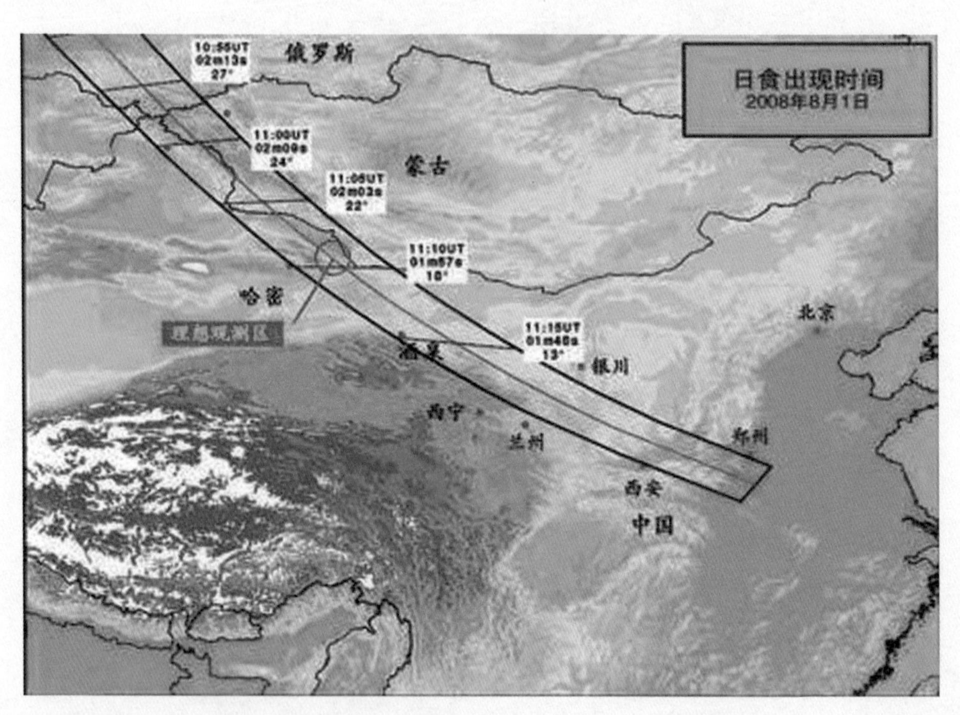

图 7-1　2008 年 8 月 1 日日全食全食带示意图

自然界最壮观的天象奇观——日全食——不但从古至今吸引了众多的关注，还在色球层的发现中起到了关键的作用。当月球把太阳完全挡住，整个世界就从一片光明变得昏暗，能看到天空有繁星出现。此时，月球边缘出现一层粉红色的光，如果更仔细看，会发现在粉色光外还有一圈银白色的光晕围绕在月影之外。我国古代典籍中就有“日食既而黑，光反外照”，“月正掩日，光从四面出”等记载。我们现在知道了粉色光是太阳色球层发出的，那比色球层更靠外的银白色光晕又是什么呢？色球层的主要特征之一——日珥就扎根在色球层，但是，主体悬浮高度却远高于色球层，就像是地球上云朵悬浮在大气层中一样，这是不是也说明色球层之外还有一层大气？

第一节　太阳的“隐形”王冠

2008年8月1日，21世纪我国境内的首次日全食可以在西北部地区观测（图7–1）。新疆哈密和甘肃酒泉等地区因为地理位置原因，气候干燥阳光充分，尤其是在8月份不受季风影响，云量和降雨都少，非常适合日全食观测。这次日全食吸引了包括国家天文台、紫金山天文台和云南天文台等国内科研机构，以及国内外众多天文爱好者和普通公众，他们聚集在新疆、甘肃等地，企盼天公作美、观测成功。8月1日上午晴空万里，但是从下午开始，天空浮现薄云，让等待的人们心中一紧。等到日食即将开始时，云仿佛感应到人群的祈祷，散开了，太阳显露出来。天文学家、天文爱好者和普通民众都欣赏到了难得一见的日全食奇观！

通过高清延时摄影，我们看到了日全食时蔓延在月球周围的光晕（图7–2）。光晕是由许多纤细线条组成的，这些线条主要分为两类，一类集束扎根在太阳的南北极，向外扩散，跟偶极磁场两个磁极的磁力线分布非常相似。而在两极以外的其他区域，纤维线条明显分成几束，每束的形状与极区的正好相反，线条在太阳边缘是分散开的，越往外越聚集，形成了外尖内宽的形状，就像是戴在太阳上的一顶“王冠”。这个“王冠”也就是色球层之外的太阳大气。我国古代把王冠叫作“冕”，这层大气被称为日冕。

我们在日全食时看到的日冕，是在可见光波段的形状，如果对比不同年份的日冕，会发现它们的形状是不一样的，跟太阳黑子极大年和极小年有关系。2008年，是太阳黑子的极小年，“冕”主要集中在太阳赤道附近。而在太阳极大年，比如图3显示的2015年的日全食，日冕形状在不同位置都近似相同。

图 7–2　2008 年 8 月 1 日日全食（极小年）

图 7–3　夏威夷大学的研究者于 2015 年在北极拍摄的日全食（极大年）

第二节 发现新元素?

2008年和2009年笔者有幸参与到我国境内的两次日全食观测中，眼观测到日冕的亮度非常弱。所以，早期的照相技术很难抓拍到日全食的食甚（太阳恰好被月球完全遮住的时刻）瞬间。因此，凌空悬浮在日冕中的暗红火焰——日珥，就成为天文学家们研究日冕的首选观测目标。1868年8月18日的一次日全食，全食带覆盖了东非、阿拉伯半岛、印度半岛等地，吸引了众多天文学家和爱好者们前往观测。法国天文学家詹森决定借这次日全食的机会，用分光镜研究日珥的光谱，确定日珥成分和日冕的物理环境。詹森选择到英属印度的贡土尔观测这次日全食。英国也组织了日全食观测远征队，色球层定义者洛基尔也参加了这次远赴重洋的日全食观测。

詹森在食甚时成功拍摄到了太阳色球层闪光谱，也拍到了日珥的光谱。根据日珥的光谱特征，詹森猜测日珥主要由氢元素组成。他还发现日珥光谱中有一条异常明亮的黄色谱线，波长接近钠元素的D1和D2线，仔细辨认后可以确定这并不是D1和D2线。难道要等到下一次日全食才能再次见到这条谱线？詹森考虑到色球层之所以是粉红色的，是因为它的Hα谱线亮度足够强。虽然色球层的Hα谱线与整个光球层相比还是非常弱，但是利用日全食时避开光球层的强光，就能清楚看到Hα谱线。既然日珥的这条黄色谱线也足够亮，而且是出现在比色球层更高的太阳大气中，那是不是不需要日全食，只要让太阳光球层被遮住，就能观测这条谱线?

第二天一大早，詹森就迫不及待地爬上一座高塔，他要验证一个大胆奇妙的想法——利用地平线来遮挡太阳光球层。詹森把分光镜的狭缝对准太阳升起的位置，当太阳从地平线一跃而出的瞬间，让人惊奇的事情发生了！在日全食时观测到的那条明亮的黄色谱线又出现了！詹森终于确认这条未知谱线是真实存在的，而且是来自日冕，因为它靠近钠元素的D1和D2线，遂取名为D3线。詹森当即写了一封信，向法国科学院报告了这一重要发现。

这封信从印度漂洋过海，足足用了两个月的时间才被送到法国。巧合的是，法国科学院在同一天收到两封内容相似的信件，都是报告日珥光谱中黄色谱线的新发现。另一封信件正是来自英国天文学家洛基尔。

基尔霍夫和本生一起发现每种元素都对应特有的光谱，并利用光谱分析法破解了阳光密码，在无法直接登陆太阳以及更遥远恒星的情况下，也能得到它们的物质组成。当时，科学家们不但对地球上已知的元素进行详细的“人口”普查，还利用光谱分析法陆续发现了多种新元素。但是在当时所有已知元素的谱线中，都找不到太阳日珥光谱中新发现的黄色D3谱线（图7–4）。

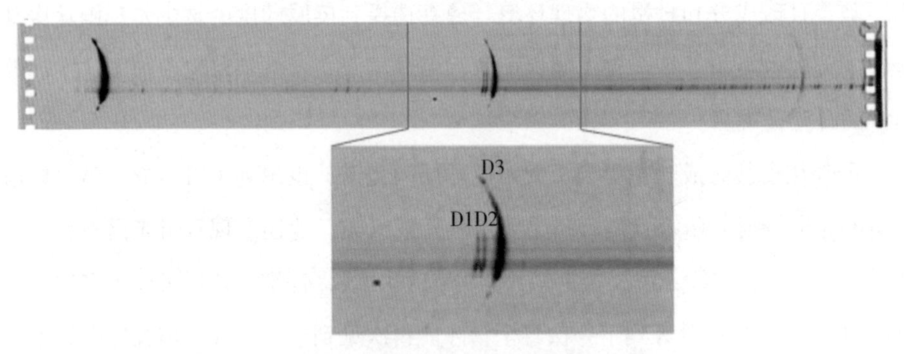

图 7–4　1983 年 6 月 11 日日全食光谱中的 D3 线
（紫金山天文台拍摄）

既然从地球元素谱线库中无法找到对应的谱线，是不是这条谱线是太阳上独有的元素发出的?

想要揭开这条谱线的秘密，就必须进行更准确的研究。但日全食是很罕见的天象，持续时间又很短。当时的摄影技术还不能把谱线图像保存下来。难道只能苦等日全食，才能进行研究？科学家们在做研究时废寝忘食、只争朝夕，就为了能够早一步获知答案。

洛基尔在冥思苦想之后，认为如果这条谱线是太阳上独有元素发出的，那么在日冕的光谱中应该能够普遍观测到，而不仅仅出现在日珥中。他提出一个有创意的想法，用“放大镜”从日冕光谱中寻找这条谱线。他使用的是一个高色散的分光镜，可以“拉扯”太阳光谱，这样一些本来紧密聚集在一起的谱线，就会被分离开，就像是拉扯一条编织好的丝带，把丝线都分离，让单根丝线显露出来。一条条谱线清晰得显露出来，更容易进行研究。洛基尔把太阳外边缘的光引入一个特殊的分光镜，果然找到了这条新谱线。洛基尔终于可以对这条谱线与已知元素的谱线进行认真细致地比较，最终发现这条谱线与地球上当时已知所有元素的谱线都无法匹配。那么，答案呼之欲出——这条谱线来自地球上不存在的太阳特有的一种元素，洛基尔将这种元素命名为“氦（helium）”，其中“helios”（赫利俄斯）是太阳神的意思（图7-5），“-ium”指金属元素，合起来就是“太阳金属”的意思。

图 7-5　太阳神赫利俄斯

1868年10月26日，巴黎科学院宣布洛基尔和詹森共同分享了发现日珥中的新元素的殊荣。这是人类第一次发现地球以外的新元素，为了纪念这一重要的历史发现，法国科学院还铸造了一枚金质奖章，正面刻着詹森和洛基尔的头像，下面写着："1868年8月18日日珥光谱分析"，背面是驾着四匹马战车的太阳神像。

太阳元素"氦"引起了科学家们的极大兴趣，也引出一些质疑。一些科学家认为，不能简单得凭借一条谱线就命名一种新元素，并把它挂到天上让人敬仰。但受限于当时的科技水平，对氦元素的研究没有再取得更多进展。

二十几年后，氦元素的黄色D3谱线再一次引起轰动，吸引了众多科学家们的注意。这次轰动并不是因为在"天上"其他星球上又发现了氦，反而是在我们生活的地球上发现了这条谱线。1881年，意大利物理学家帕尔米耶里在探测维苏威火山的熔岩时，注意到熔岩光谱中有谱线与D3线类似。一边是太阳，一边是火山，天地悬殊，再加上帕尔米耶里没有再进行更精细的分析，这个发现并没有引起重视。

"氦"是否为太阳独有元素的争论在1895年得到终结，D3线的真相也水落石出。苏格兰化学家拉姆塞在研究铀矿石时，注意到分离出来的样品中含有一种不寻常的气体成分。作为一个惰性气体专家，拉姆塞很想知道这是什么气体，就求助于物理学家克鲁克斯。克鲁克斯是当时最优秀的光谱学家之一，发现这种气体在黄光区有一条明亮的谱线，波长正好对应氦元素的D3线。"此物只应天上有"的氦元素，就这样在地球上被发现了，并被确认是一种稀有气体，而不是金属元素。"氦"也成为唯一一种在地球以外被首次发现的元素。

第三节　日冕有百万度？

洛基尔和詹森共同获得了发现"太阳元素"的桂冠，日冕光谱成了当时的一个研究热点。许多天文学家也竞相观测日全食，继续深入挖掘日冕光谱，希望能找出更多的太阳元素。

1869年8月7日，北美大陆也发生一次日全食。美国天文学家哈克内斯利用这次日全食的机会，在日冕光谱中找到一条新的绿色谱线。第二年的12月22日，另一位美国天文学家杨在观测欧洲大陆的一次日全食时，准确测定了这条绿线的波长（5303Å），发现这条绿色谱线也不与已知地球元素的特征谱线相对应。在随后的半个世纪里，科学家们又陆陆续续发现了十几条日冕新谱线。当时，氦元素还没有在地球上被发现，天文学家想当然认为这些谱线属于太阳上另一种特有元素，并命名为“冕（coronium）”。

氦元素在地球上被发现后，人们自然就怀疑“冕”元素的真伪，到底是太阳新元素，还是隐藏在地球上一直没有被发现的地球元素？直到1939年，德国天文学家格罗特里安指出波长为6374Å和7892Å的日冕新谱线同铁元素在高次电离时产生的谱线很相近。1941年，瑞典分光学家埃德伦终于揭开了冕元素的真面目，“冕”元素是子虚乌有的！这些日冕新谱线都是由铁、镍、钙等重元素在高次电离时产生的。如果这些重元素要想达到高次电离状态，需要百万度以上的高温环境。而在地球的自然环境中基本不可能达到这种极端温度，这也是一直没有在地球上发现这些谱线的原因。由量子力学得知，不满足选择定则的跃迁称为禁戒跃迁，相应的谱线叫作禁戒谱线，简称为禁线。因此，这些太阳新谱线又被称为——日冕禁线。

虽然这些谱线在地球上“不可能”存在，但在日冕光谱中观测到，说明日冕的温度可以高达百万摄氏度。图7-6就是在5303Å波段观测到的日冕。

如图7-7是太阳外层大气温度和密度随高度变化图。光球层的平均温度为6000摄氏度，在光球层和色球中间有一个4500摄氏度的薄层——温度极小区，再往外是色球层，厚度约2000千米，温度则从底部的4500摄氏度到顶层的5万摄氏度。最外层是几百万摄氏度的日冕。整个太阳的外层大气，温度相差3个数量级，简直就是一个油炸冰激凌。

图 7-6　日冕（5303Å 图）
云南天文台丽江日冕仪观测

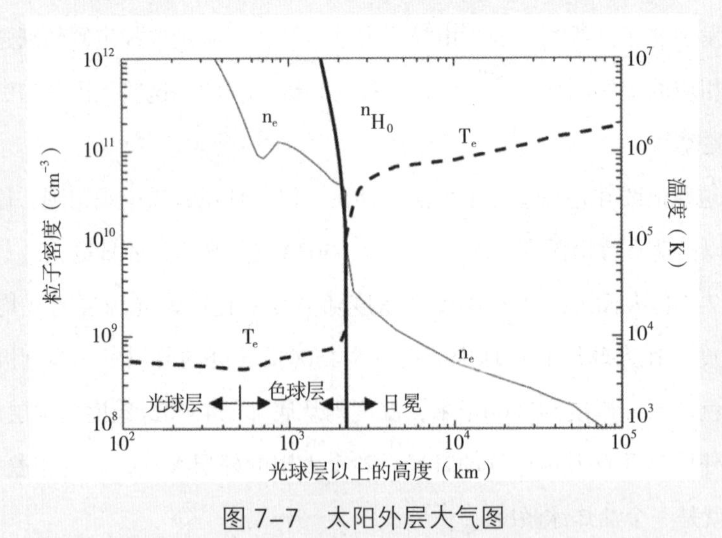

图 7-7　太阳外层大气图

一个问题的解决带出来更多的问题。太阳光球层的温度为6000摄氏度，色球顶层最高也只有几万摄氏度，最外层的日冕大气为什么会骤然增加到百万摄氏度？是什么能量能够加热日冕层到百万摄氏度高温？太阳已经存在了47亿年，到底是哪里来的能量能够持续几十亿年加热日冕？面对这些疑问，天文学家们提出了各种解释，但是至今仍然没有完全解开日冕高温之谜，这也成了太阳物理研究的一个重要课题。

第四节　镜中乾坤——人造日全食

日冕发出的可见光仅为光球层的百万分之一，只相当于满月的亮度，而光球层的万丈光芒可以照亮整个天空。所以我们平时看不到日冕，跟看不到色球层原理一样，都是被光球层强烈的可见光遮盖了。而且，相对于色球层，日冕的可见光在不同谱线上的亮度相对均匀，不像色球层是集中在Hα谱线上。如果要想在可见光波段看日冕，只能抓住日全食的食甚时刻。这种“靠天吃饭”的研究方法，完全依靠日全食来观测日冕，很不现实，也不经济。天文学家们需要携带精密的观测仪器在世界范围内长途跋涉，旅途劳顿，再考虑天气等不可预见因素的影响，很难保证能成功在日全食期间观测到日冕，更难以对日冕进行深入研究。

怎样才能够随时随地在可见光波段观测日冕，就成了天文学家们迫切需要解决的一个难题。天文学家们试图首先从日全食的原理入手，看看能不能找到一丝灵感。

日全食时能够看到色球层和日冕，就是因为月球完全挡住光球层直射向地球的光。日全食是难得的天象，需要天时地利“人”和，即地球、月球和太阳相互完美配合才能实现。我们人类虽然是地球上的“万物之灵”，也只能“守株待兔”，等待日全食发生。但天文学家们却想出了一个绝妙方法：把太阳“装”入望远镜中，然后在望远镜内人造“日全食”。人造日全食的“太阳”实际是望远镜生成的太阳像，在望远镜内部光路中放置一块遮光板，这就是“月球”，再精确计算出“太阳”和“月球”的相对位置和大小，就可以随时随地观测日全食了。

这种特殊的望远镜就是——日冕仪。1931年，法国天文学家李奥利用这个原理发明了它。日冕仪内的遮光板是一个不透光的金属圆盘，望远镜内壁和金属圆盘表面都特殊设计，做到极致光滑（纳米级），这是为了尽量减少镜筒内的杂散光。圆盘的大小和位置都经过精心计算，既要完全遮挡住光球层，还能保证能够观测到更多的日冕。日冕仪的发明，开启了日冕研究的新纪元，让我们得以发现日冕可见光波段的影像和变化。

凭借精密的仪器制造水平，我们已经最大限度减少望远镜内部的散射光，但是地球大气对阳光的散射影响却是无法避免的。比如在海平面，地球大气造成的散射光竟达日面平均亮度的千分之一。所以，日冕仪往往都建在高山上，散射光少。我国云南天文台丽江观测站就装置一台10 厘米口径的日冕仪（图7–8）。作者用拇指就可以挡住整个太阳，说明这里的散射光很弱。丽江观测站坐落于云南省丽江市玉龙县的高美谷。该站海拔3200米，空气污染和尘埃很少，大气洁净

图 7–8　云南天文台丽江观测站 10 厘米日冕仪

透明，视宁度达到世界优良台址的水平，成为国内外天文工作者和天文爱好者心中的一块天文观测圣地。“晴空万里、群星璀璨”也成为丽江高美古的标志。图7-9即为10厘米日冕仪观测大楼和观测的日冕图像。

图 7-9　云南天文台丽江观测站日冕仪观测大楼和观测的日冕图像
（楼顶右上即为 10 厘米日冕仪云南天文台　张雪飞提供）

第五节　来自太空的神秘电波

当我们聆听收音机节目的时候，有没有幻想过会接收到外星人发射的信号呢？在科幻小说《三体》中，就描写了人类利用射电望远镜来发射射电波，从而与三体人进行联系的情节。现实中，我们还没有真正接收到来自外星人或外星生命的射电信号。但在日冕仪发明后的几年内，我们却接收到地球以外的天体发射的射电波信号，其中就有来自太阳的射电波。

20世纪30年代，一位不懂天文也不热爱天文的年轻人——美国无线电工程师央斯基首先发现了地球之外的射电波。当时的跨洋无线电通讯经常遭受未知射电信号的干扰，这个干扰信号最开始被认为是来自天空的射电波。为解决信号干扰问题，贝尔实验室指派央斯基研究这种“天电”。

图 7–10　央斯基和他的“旋转木马”

图 7–11　雷伯研制的射电望远镜

1931年12月，央斯基根据干扰信号的频率，研制了一台由天线阵和接收机组成的设备，天线阵长30.5米、高3.66米，下面安装了4个轮子，在圆形的水平轨道上每20分钟旋转一周，称为“旋转木马”（图7–10）。央斯基不负众望，很快就在波长14.6米的频段上发现了两种天电干扰信号，但发现这两种都不是他要搜寻的未知天电信号。1932年1月，他终于捕捉到这个神秘的射电波，接收机发出低沉稳定的嘶嘶声。这个信号微弱而稳定，但方向随时都在变化，无法判断来源，似乎跟随太阳一起运行，约24小时绕行一周。央斯基最初认为这个神秘射电波来自太阳。但持续跟踪监测后，央斯基发现这个噪声源越来越偏离太阳，最终确认对应银河系中心。1932年12月，贝尔实验室向新闻界通报了这一发现，这是人类第一次探测到来自宇宙的射电波。

央斯基的发现，开启了通往宇宙的另一个窗口。

银心射电辐射的发现引起美国一位天文爱好者雷伯的兴趣。雷伯也是一名无线电工程师，他知道如果想要探测更多的宇宙射电辐射，就需要更高灵敏度的射电望远镜。1937年，他研制成功了全世界第一架抛物面式射电望远镜，天线直径为9.45米（图7–11）。1940年，雷伯探测到来自银河系中心的波长为1.87米的射电信号，证实了央斯基的发现。图7–12就是现在观测的银河系射电辐射图。

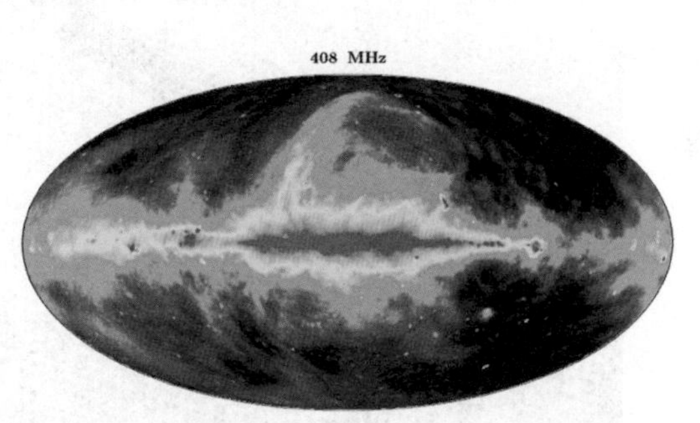

图 7–12　银河系射电辐射图（408 兆赫兹）

太阳是离地球最近的恒星，比银河系所有的恒星都要近得多，我们接收到的太阳光和热也远远超出银河系恒星的总和，为什么央斯基没有探测到来自太阳的射电信号呢？在当时，包括央斯基在内很多人都提出疑问：太阳能不能发出射电波？

正当射电天文学开始起步，准备大展身手的时候，第二次世界大战爆发了。“二战”几乎了席卷了全球，给整个世界造成无法估量的损失。但是，各个国家在战争期间竞相发展军事技术，在客观上促进了科学技术的发展。尤其是雷达和无线电，因为在战争中的广泛应用，得到了飞速发展。

1940年5月，英法联军从敦刻尔克大撤退，困守英伦孤岛。随后，德军对英国本土进行大规模空袭，还利用最新研制的V2远程火箭（图7–13）进行轰炸。当时英军已经将防空雷达应用起来。雷达发射射电波扫描天空，根据被反射回来的射电信号来确定空袭的规模和方向等。英国防空雷达的表现一直稳定，但在1942年2月2日，德军两艘军舰悄悄从法国穿越英吉利海峡到达德国的基尔港，而英国雷达却因为受到强烈的信号干扰完全没有侦测到。英国军方猜测德军可能拥有了雷达干扰设备，为此专门请从事射电研究的科学家海伊等人协助调查。

图 7–13　德国 V2 火箭

1942年2月26日，英军沿海几乎所有波长在4～6米的防空雷达都受到强烈干扰。英军最初以为这又是德军发射的干扰电波，但随后发现德军并没有采取任何行动。事后，海伊发现强射电干扰信号出现的时候，雷达恰好指向太阳附近，干扰源还随着太阳运行而变换位置，等日落后就彻底消失了。虚惊一场的英国军方确认罪魁祸首就是太阳，而这个神秘的强射电信号就是来自太阳的射电波。

太阳射电辐射就这样被发现了。但出于保密原因，英军直到战争结束后，才公开报道利用军事雷达发现太阳射电波。

1943年，雷伯在1.9米的波长上接收到太阳射电信号。1944年，他首先公布来自太阳的射电辐射。现在才知道央斯基在十几米这个波段没有探测到太阳的射电辐射，是因为在这个波段，太阳的辐射比银河系其他天体要弱。而且，作为世界上第一台射电望远镜，央斯基的“旋转木马”灵敏度低，不足以探测到来自太阳的10米波辐射。

在之后的十几年内，雷伯可以说是当时世界上唯一一位射电天文学家。雷伯还利用射电望远镜扫描整个天空，绘制了世界上第一幅射电天空图。现在许多射电望远镜，都采用雷伯发明的抛物面式天线。如图7–14，就是凤凰山上云南天文台40米射电望远镜和抚仙湖太阳观测站的11米太阳射电望远镜。

图 7–14　云南天文台 40 米射电望远镜和抚仙湖观测站 11 米太阳射电望远镜

1946年2月,当太阳上出现大黑子群时，阿普尔顿等人发现太阳的射电信号有明显的增强。这种太阳射电辐射突然增强的现象，称为“太阳射电爆发”，它们与太阳黑子有紧密联系。英军第一次发现来自太阳的强射电信号时，英国格林尼治天文台就观测到日面上有一个大黑子群。天文学家还发现太阳射电辐射也有与黑子相同的11年周期变化。除此之外，太阳也能发出稳定的射电辐射，称为宁静射电辐射。

新兴的太阳射电天文学就这样诞生了！

射电望远镜是接收射电辐射的“耳朵”，巨大的天线是射电望远镜最显著的标志。天线种类很多，有抛物面型、球面型、半波偶极子天线以及螺旋天线等。比较常见的是抛物面式天线，我们在日常生活中也经常能够见到这种天线，比如卫星电视的接收天线等。抛物面式射电望远镜的工作原理和牛顿式光学反射望远镜相似，射电波被抛物面天线反射，汇聚到抛物面的焦点上，焦点上放置一个馈源，用来接收射电波，再传输到终端观测系统。当前世界上最大口径（500米）的射电望远镜FAST，就是抛物面天线，位于我国贵州省，绝对是一口超级“大锅”（图7–15）。太阳射电望远镜也有许多是抛物面式天线，如国家天文台怀柔基地的太阳射电望远镜（图7–16），内蒙古正镶白旗明安图的太阳Muser射电望远镜阵列（图7–17）。太阳射电望远镜除了抛物面式天线，也还有其他种类，图7–18是山东大学威海分校的太阳低频射电频谱望远镜，用的是线条式天线。

图 7–15　中国天眼 FAST

图 7–16　国家天文台怀柔观测站太阳射电望远镜（从上到下分别为：7、2、3.2 米口径）

图 7–17　内蒙古明安图的国家天文台 Muser 射电望远镜阵列（国家天文台谭宝林提供）

图 7–18　山东大学威海分校太阳射电频谱仪

第六节　日冕中的“飞碟”

日全食作为世界上最壮观的天象，一直都是科学家、天文好者以及普通民众们竞相观赏的对象。1860年，德国天文学家坦普尔到西班牙观测日全食，并成功拍摄到日冕，图7-19就是坦普尔拍摄的日冕照片。令人惊奇的是，坦普尔拍到的日冕十分特别，除了太阳边缘或弯曲或笔直的纤维线条外，还多了一个明显独立于太阳之外的环，环围绕着中间一个圆盘。整个圆环几乎与太阳一般大。这个圆环套圆盘的物体形状与日冕上正常的“王冠”也不一样，这是太阳日冕上的真实形状，还是因为相机炫光造成的假象，抑或是外星人乘坐的UFO（不明飞行物）？

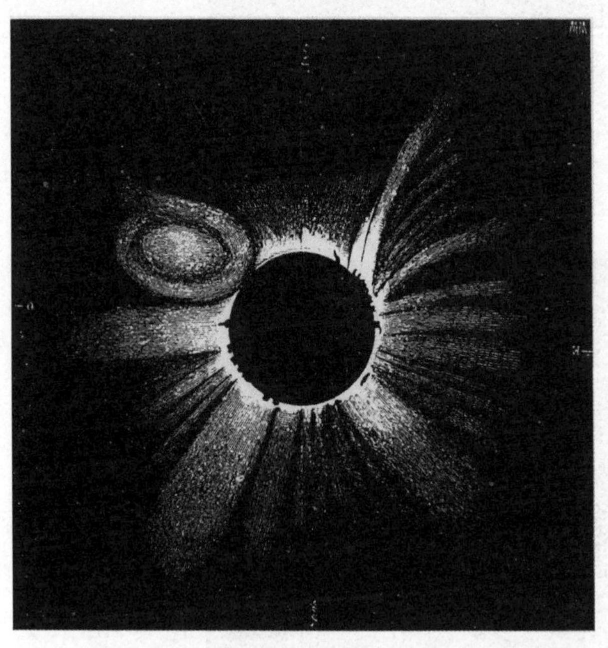

图 7-19　意大利天文学家坦普尔在 1860 年拍摄的日全食

早期利用白光日冕仪进行观测时，由于地球大气散射光的干扰，还有当时摄影等技术原因，天文学家们只能观测到静态日冕，很难观测到日冕中物质的运动。由于日全食本来就是难得一见的天象奇观，在当时，除坦普尔之外，还没有其他人拍摄到的日冕“飞碟”，这个UFO的真伪一直存疑。

图 7-20　日冕仪观测日冕图像

与光球和色球层相比，日冕的物质密度极其稀薄。由于可见光辐射极弱，利用白光日冕仪来观测时，我们只能看到日冕的切面投影，对日冕缺乏整体全面的认识。而且为了更大程度减弱光球层的影响，日冕仪迫不得已要遮盖住日冕底部的一部分，我们就不能直接观测到太阳低层大气的变化。

与光球和色球层相比，日冕的温度却是外层大气中最高的，能达到有百万摄氏度。日冕与它的近邻色球层类似，都是通过观测日全食发现的。色球层的辐射虽然以可见光为主，但主要集中在Hα 谱线上，我们可以利用滤光器，通过色球望远镜来直接观测色球层。日冕的可见光辐射太弱，但是日冕大气有百万摄氏度高温，能够发出紫外、极紫外和X射线等高能辐射。我们是不是也可以利用滤光器，从这些高能辐射波段来观测日冕呢？但是，地球大气层只对可见光和射电开了绿灯，它们可以直接照射到地面上，却吸收了绝大部分的高能辐射，比如臭氧层和氧气以及氮气会强烈吸收紫外线、X射线和伽马射线。这保护了地球上包括人类在内的生命安全，却也阻碍了我们直视日冕。如果要想从高能辐射波段来观测日冕，那我们面前就只有能往高处走，避开大气层，最理想的情况就是——去太空！

第八章　探秘太阳的黄金时代

地球大气对天文观测，尤其是太阳的影响是显而易见。大气湍流会导致图像扭曲，还会吸收紫外线以及更高能的辐射，水分子和二氧化碳等则强烈吸收红外线。因此，在地面从可见光之外的波段对太阳进行观测就非常困难。我们要想避开大气层的影响，“不畏浮云遮望眼”，就要“自缘身在最高层”，超越大气层。科学家们最初利用高空气球搭载仪器进行观测。在1920年，太阳物理学家用高空气球升到9千米的高度拍摄到太阳的紫外光谱。在当时的条件下，高空气球有滞空时间长、载重能力大的优点，能搭载各种仪器或观测人员对太阳进行长时间观测，但10千米已经是升空极限，再往上就无能为力了。1930年时，科学家们曾经试图用高空气球升到臭氧层上空来拍摄波长小于0.09微米的太阳紫外光谱，但未能成功。

在太空观测太阳，不但可以避开大气的干扰，还不用考虑阴雪雨雾等气象变化，能够持续不间断地观测太阳，优点多多。如果我们能够跳出大气层，在太空中对太阳进行“零距离无障碍”观测，那我们看到的太阳又是什么样子的呢？会不会带给我们更多的惊喜？

第一节　飞越大气层

能够像鸟一样自由地飞翔，是人类自古一直以来的梦想。中外的神话故事里，从来不缺少飞天梦，比如我国古代著名的故事嫦娥奔月。但真要实现飞天梦，又谈何容易？明朝初年的万户，自己设计了一款能够飞行一千米的飞龙火箭。他在椅子后面捆绑了47支飞龙火箭，希望乘着飞椅飞向天空（图8-1）。理想总是丰满的，万户都想好了，手持几只风筝，在准备降落时放出去，防止下落

图 8–1　万户和他的飞椅

速度过快摔伤。虽然万户的努力最终失败了，但他勇敢地迈出了人类走向太空的第一步，被称为“世界航天第一人”。万户借助“火箭”向前推进的方向，也奠定了现代航天航空技术发展的基础。

真正意义上的航天发展，是从“二战”后开始的。第二次世界大战中，德国的V2远程火箭技术吸引了美苏两国的注意。战后，美国从德国获得了大批科技人才和技术资料，而苏联则得到了大量仪器装置。凭借这些技术积累，美苏两国的航空航天科技在战后得到飞速发展。1946年10月，美国海军实验室率先发射了能够升到80千米高的“德国号”高空火箭，第一次获得了0.22微米的太阳紫外光谱。20世纪50年代以后，美国又开始利用火箭携带小型望远镜对太阳进行紫外波段图像观测。

从此以后，人类迈进了太阳观测和研究的黄金时代。

1957年10月4日，是人类历史上里程碑式的一天，苏联发射了世界上第一颗

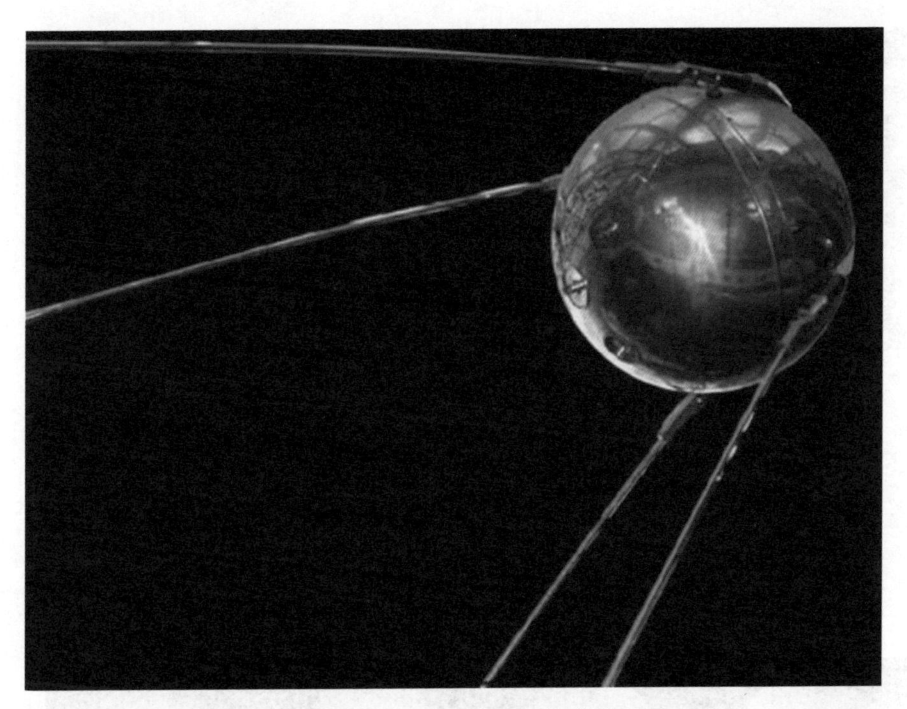

图 8–2　世界上第一颗人造卫星斯普特尼克一号

人造卫星（图8–2），人类的空间时代终于到来！借助于航空航天的迅速发展，美国在1960~1976年间相继发射了10颗太阳辐射监测卫星，以及轨道太阳观测站等科学卫星。不同于色球层把“鸡蛋都放到同一个篮子”，即辐射强度主要集中在Hα 谱线，日冕在极紫外波段的辐射并没有特别侧重于某条特定谱线，相对比较平均。可以简单认为不同谱线对应不同温度的日冕大气，如果能够利用滤光器制造紫外望远镜，挑选一些谱线对日冕进行观测，就可以得到不同温度或高度等物理条件下的日冕图像。上述这些空间卫星都装备了紫外探测器，对太阳进行紫外监测，拍摄太阳不同波段的紫外单色像，发现太阳的紫外辐射也像太阳射电辐射一样，既有紫外宁静辐射，又有紫外辐射暴，而且与耀斑有密切的联系。

20世纪70年代后，又一批太阳空间探测卫星，包括太阳极大使者（SMM）、天空实验室（Skylab）以及1998年发射的TRACE卫星等，陆续发射升空，从紫外等高能波段观测太阳。太阳的高能辐射观测蓬勃发展起来。尤其是在2010年2月

图 8–3　太阳动力学天文台（SDO）艺术图
（NASA/Goddard Space Flight Center Conceptual Image Lab）

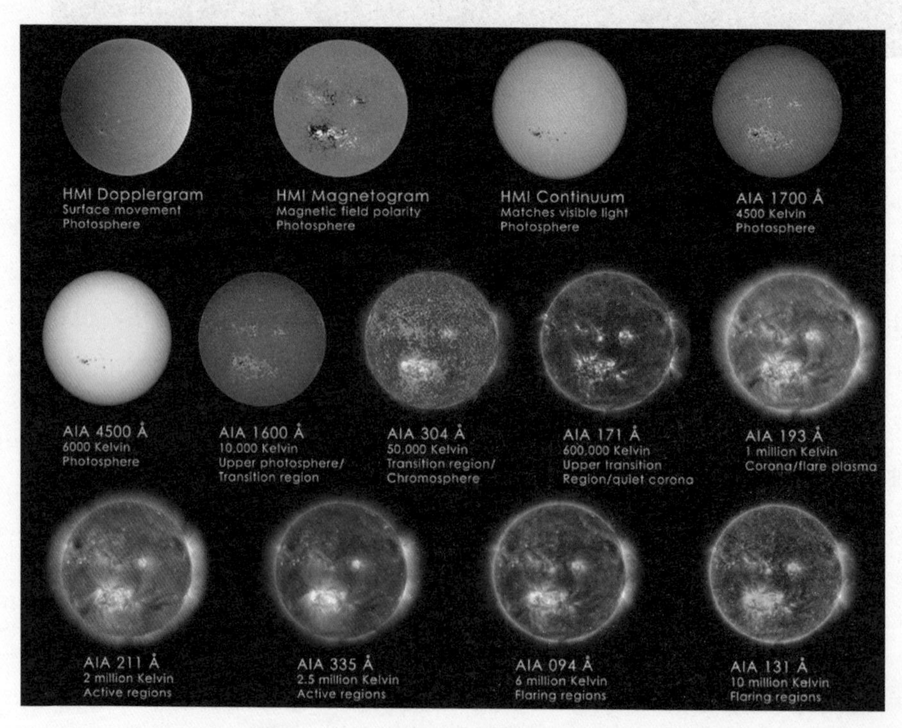

图 8–4　SDO 的 AIA 载荷观测的紫外波段太阳像拼图

11号，美国发射了太阳动力学天文台（SDO）卫星（图8-3）。SDO卫星的AIA载荷可以同时在九个紫外和极紫外波段对太阳进行全日面观测，就像剥洋葱一样把整个太阳外层大气揭开，展示在我们面前，如图8-4。

一般来说，日冕的空间范围从色球层顶部的过渡区开始，一直向外可以延伸到几个太阳半径。这么大的空间尺度，也覆盖相当广泛的温度梯度，从几万摄氏度到百万摄氏度。不同高度或温度对应的日冕，各有各的特点。一般来说，低温（几万摄氏度）紫外辐射对应日冕低层大气，比如图8-5（A）是太阳全日面在304Å（约8万摄氏度）的图像。这个波段的太阳图像显示色球层顶部到过渡区之间的太阳大气层，跟色球层有相似的地方，比如能看到暗条（或日珥）以及色球纤维，但是却看不到黑子，代替黑子出现在我们面前的是轮廓跟黑子相似的一片平滑区域。而在温度更高达几十万摄氏度的极紫外波段，如171Å（图8-5（C）），一般认为它们来自中高层日冕。这些波段的图像，又与低层日冕有不

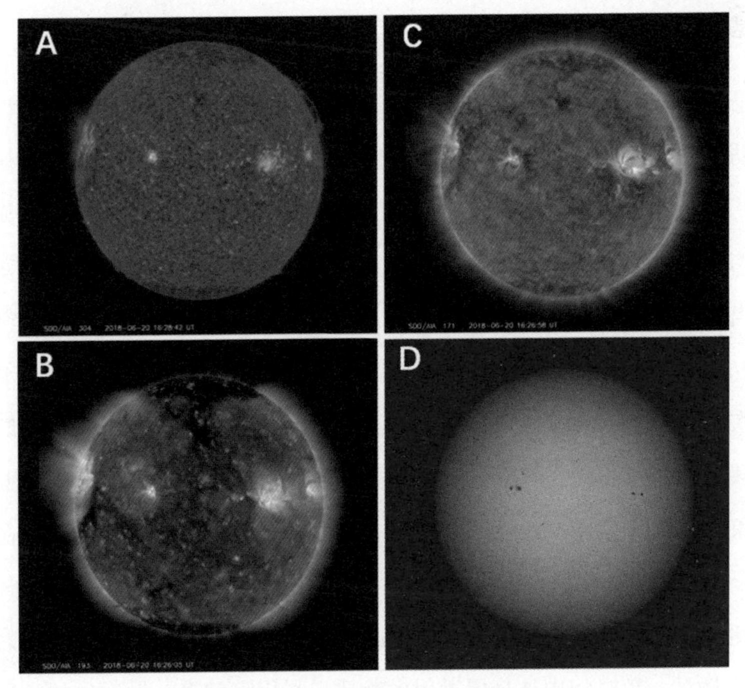

图8-5　SDO/AIA 观测多波段阳图

同，最吸引眼球的是出现在黑子群区域重重叠叠的环系。这些日冕环扎根在黑子附近，层层相套，越往高处就越扩散，就像是黑子上空有一个隐形气球，这些环则组成一张大网笼罩在气球周围，将其与周边区域隔离开，防止气球腾空而去。这些日冕环充满了高温等离子体，勾勒了磁场的轮廓。

我们知道，黑子对应太阳上的强磁场区域，所以这些日冕环的形态表示磁场从光球层往上是逐渐扩散的。相比于可见光，极紫外光的波长太短，很难利用塞曼效应来诊断日冕的磁场强度。但我们可以根据日冕环的形态，推测黑子上空日冕磁场的形态。

第二节　怒发冲冠的太阳

依靠航空航天技术的飞速发展，白光日冕仪的家越搬越高，从高山转移到太空。借助于太空中近真空环境的观测条件，白光日冕仪不但可以把日冕结构看得更清晰，还能比在地面时观测到更低层的日冕大气。1971年12月14日，美国海军实验室的太阳轨道观测（SOS-7）卫星第一次清晰地看到日冕中有物质突然喷发出去，当时把这种现象称为日冕瞬变。太阳轨道观测卫星以及后来的天空实验室（Skylab）等卫星，陆续观测到更多的日冕瞬变事件。原来日冕层除了永不停息地向外吹太阳风，也经常会翻起滔天巨浪，直冲云霄！通过日冕仪，我们看到浪峰最高甚至能够到几十个太阳半径以外。到20世纪80年代初，作为太阳上常见的爆发现象，日冕瞬变终于有了一个确定名称——日冕物质抛射。坦普尔在1860年拍的日全食照片上的圆盘，被认为是人类首次捕捉到日冕物质抛射的影子。

日冕物质抛射是太阳外层大气中最剧烈、尺度最大的活动，整体抛射速度超过1000千米/秒，短时间内从日冕抛射的物质质量以亿吨计。抛射出的巨量高速带

图 8-6　太空日冕仪观测到的日冕物质抛射
（与坦普尔的非常相似）

电粒子，携带着太阳磁场，犹如海啸一般冲进空旷辽阔的行星际空间，对其前进方向上的太阳系天体（包括地球在内）造成严重的破坏。因此，日冕物质抛射从被发现起，就引起了广泛的关注，日冕物质抛射研究也成为太阳物理学的一个重要课题。

19世纪80年代以后发射的一系列卫星，包括太阳极大使者（SMM）和SOHO等都对日冕物质抛射进行观测和研究，尤其是SOHO卫星发挥了极其重要的作用。SOHO卫星上搭载的LASCO望远镜，包括三个不同视场范围的白光日冕仪，覆盖了1.1~32个太阳半径的视野，观测到了大量的日冕物质抛射事件，让我们对日冕物质抛射有了更全面深入的认识。

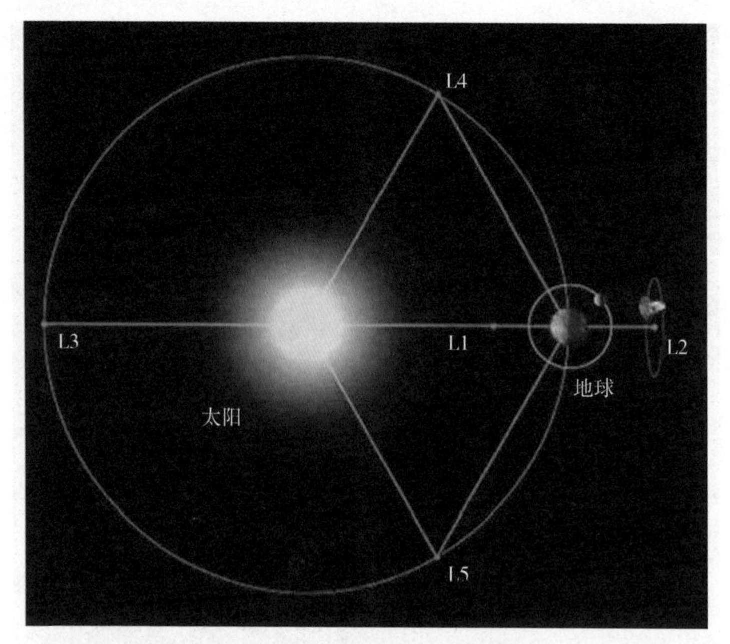

图 8–7　日地间拉格朗日点
（共 5 个，分别是 L1~L5）

SOHO卫星位于日地之间第一拉格朗日点，即L1点（图8–7）。这个位置很特殊，在此的物体受到太阳和地球的引力恰好平衡。因此，SOHO卫星可以一直“停留”在拉格朗日点绕太阳转动，能够持续不间断对太阳进行观测，获取了大量的日冕物质抛射观测数据。日冕物质抛射的形态各异，有向太阳侧面喷发的环泡形、扇形和束流形等，也有面向或背向地球喷发的网形（如图 8–8）。

白光日冕仪利用日全食原理，遮盖住太阳光球像，使我们能够观测到太阳日冕的中高层大气。利用日冕仪看到的日冕物质抛射，并不是真实的形态，只是侧面投影。现在普遍认为日冕物质抛射有典型的“鸡蛋”式三重结构：最外是一薄层明亮炽热的外壳，壳内包含低温低密度的暗腔，就像蛋清，最里面是一个高温高密度的亮核，即“蛋黄”。一颗鸡蛋，蛋黄会孕育出生命。那么日冕物质抛射，也是从内部的高温高密度亮核“生”出来的吗?

在日全食期间，最明显的除了日冕，就是粉红色色球层和月球边缘的火焰，

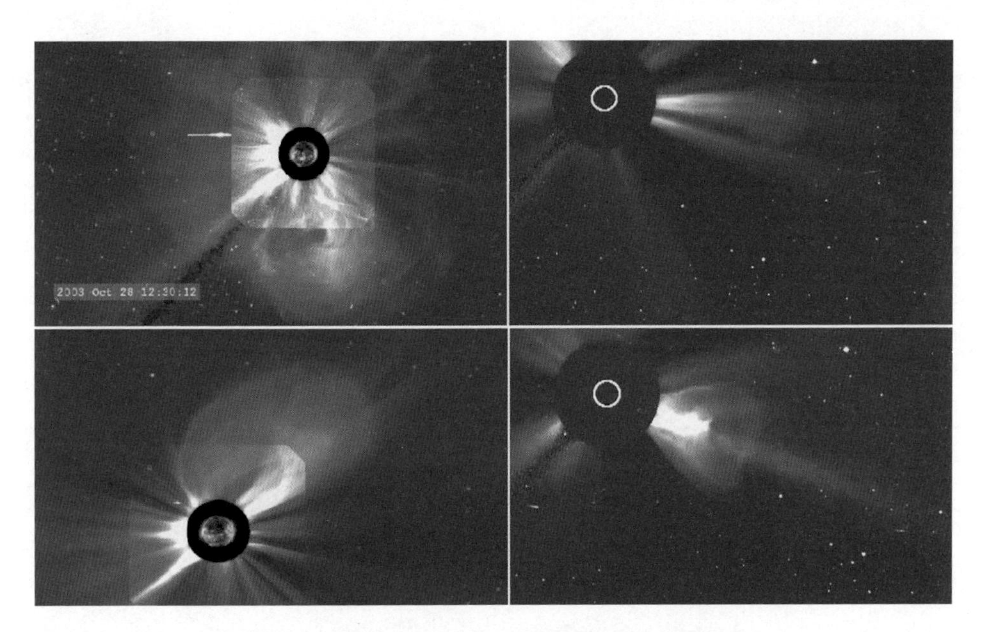

图 8–8　SOHO/LASCO 观测的日冕物质抛射
左上：网状；右上：束流形；
左下：扇形；右下：环（泡）状

即日珥。在色球层上，暗条有时会爆发，产生耀斑。如果暗条能够成功爆发，挣脱太阳束缚喷发到行星际空间，是不是就可以在日全食期间被看到？这些成功“越狱”的暗条是不是坦普尔拍摄到的日冕奇怪物体呢？整个日冕物质抛射就像太阳发火，怒发冲冠。如果说这个“冠”就是我们看到的日冕物质抛射，那么“怒发”又是什么呢？

日珥位于日冕中较低的位置，在日全食时可以看到，但很难利用白光日冕仪直接观测到。这是因为为了遮盖住光球层，山寨版日全食——白光日冕仪，与自然的日全食相比，有一部分低日冕也被遮住而无法观测到，也就看不到太阳怒放冲冠最关键的过程。而日全食又可遇不可得，而且持续时间太短，即便能看到日珥，也很难恰好看到日珥爆发出太阳边缘外的情景。所以我们只能在白光日冕仪观测到日冕中有物质喷发时，对比同时间的色球图像，如果发现有些暗条爆发无论是时间还是喷射方向，都与日冕物质喷发很相近，那么两者很可能有关联更重

图 8-9　日冕物质抛射的三分量结构

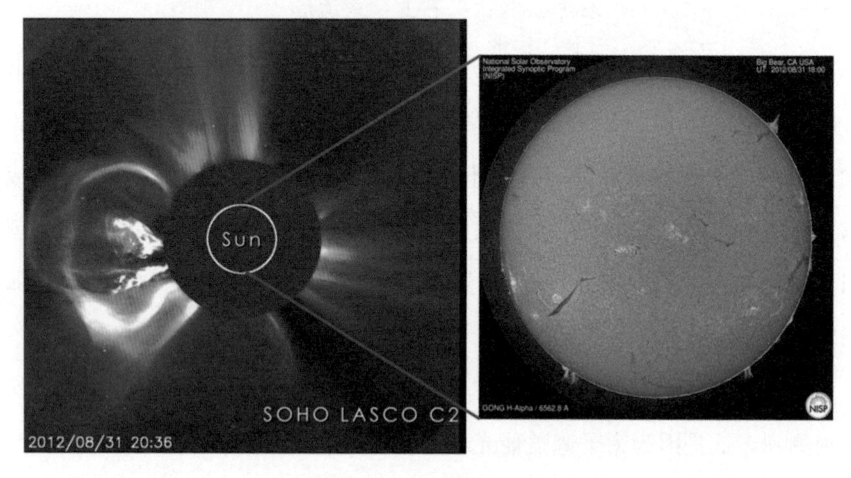

图 8-10　左：SOHO/LASCO 观测的日冕物质抛射
右：GONG 观测的色球层图像

要的是，若这个暗条迅速抬升，最终爆裂时的速度也大致能够与物质喷发的初始速度衔接上，就说明爆发后形成了日冕物质抛射。所以答案水落石出：日冕物质抛射就是暗条爆发，严格说是暗条爆发的后续。

然而，在日冕物质抛射对应的日面大致区域，可能会同时（或时间相近）发生多次暗条爆发；反之，我们也经常发现日冕物质抛射的对应区域并没有暗条爆发，说明有可能在太阳“背面”发生暗条爆发。从看到暗条爆发，再看到日冕物质抛射，我们欠缺对中间过程的观测。从太阳色球层边缘到日冕仪视场之间有一段无法忽视的距离（大约有100000 千米）。这个“黑匣子”中发生了什么，我们无从知晓。因此，单纯从地球角度来观测日冕，我们看到的只是破壳而出的小鸡，看不到“鸡蛋”内部日冕物质抛射的“孕育”位置和重要的初始“发育”过程。

此时此刻，多么希望能有一颗卫星能从太阳的背面或侧面观测，这样我们就可以看到日冕物质抛射的整个过程。有需求就有动力，2012年，NASA发射了日地关系天文台（STEREO），这实际上是一组两颗卫星，A和B。A卫星轨道比地球更靠近太阳，因此飞行速度更快，跑在地球的前面；B星则落在地球后面（图8-12）。假以时日，A或B会飞到太阳背面或侧面，正好与地球一起形成犄角之

图 8–11　STEREO 两颗子卫星艺术效果图

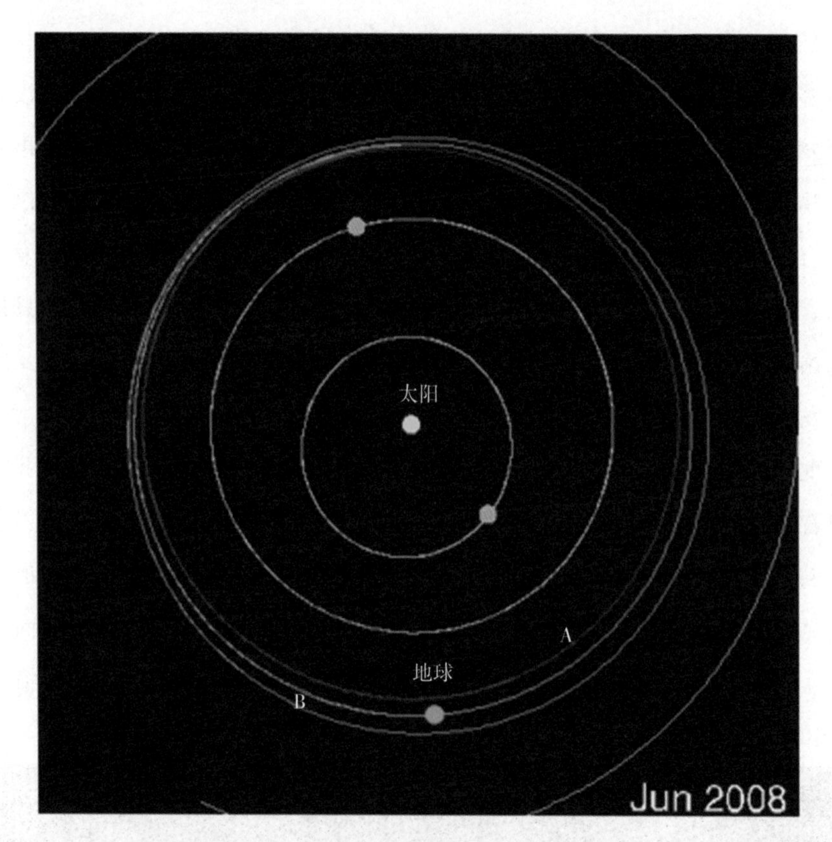

图 8-12　STEREO 两颗子卫星轨道示意图

势，对太阳进行全面的观测。当日冕仪以地球视角进行观测时，STEREO的A或B卫星就可以从侧后方观测太阳本体，尝试来寻找日冕物质抛射的发芽和生长过程。

2007年，STEREO探测系统首次实现对太阳的三维观测。2009年，STEREO首次获取了日冕物质抛射的三维观测数据，确认暗条爆发是形成日冕物质抛射的一个重要因素。我们从地球视角观测到太阳在2012年8月31日发生一次日冕物质抛射，STEREO的B卫星从侧面对准太阳，发现在日冕物质抛射出现前，太阳表面有一个大型宁静区暗条发生爆发，喷发出的物质如同蛟龙出水一般冲入行星际空间，形成了日冕物质抛射（图8-13）。

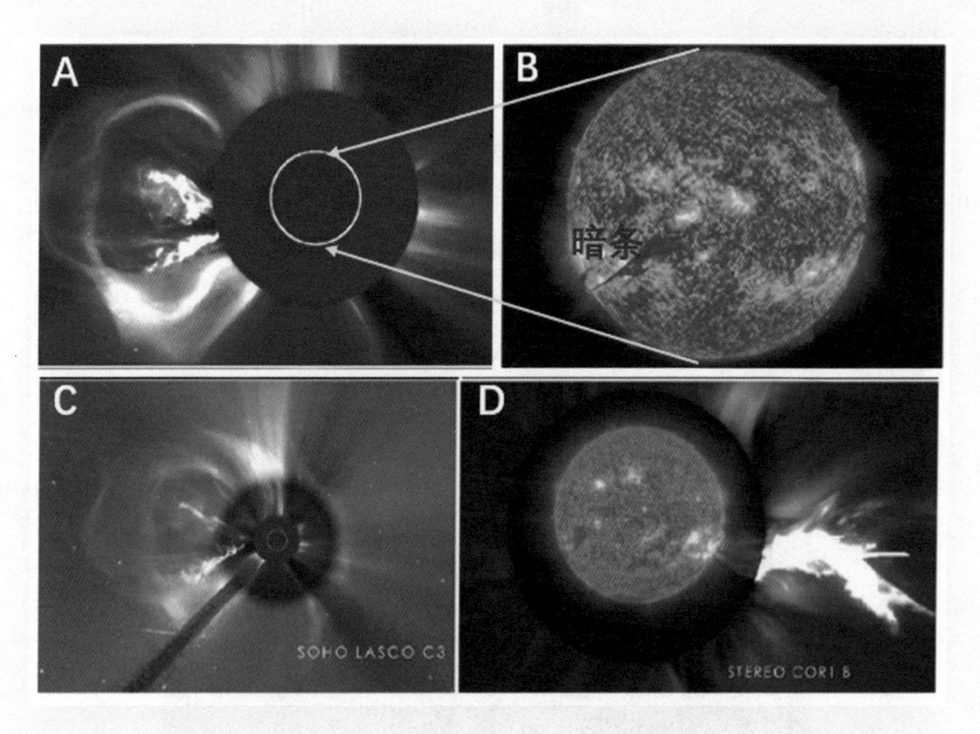

图 8–13　暗条爆发引起日冕物质抛射

（A：SOHO/LASCO C2 观测的日冕物质抛射；B：SDO 观测暗条爆发；C：SOHO/LASCO C3 观测的日冕物质抛射；D：STEREO/B 观测到的暗条爆发）

第三节　永不停息的太阳风

太阳系内著名的流浪汉——彗星，以特殊的形态和“身世”吸引了众多天文爱好者。彗星看起来好像是一把倒挂着的扫把，古代把彗星形象地称为“扫把星”，被视作不祥之兆。我国古代对彗星已经有深入研究，在长沙马王堆汉墓出土的帛书上就画有 29 幅形态各异的彗星图（图8–14）。晋书《天文志》就已经清楚地说明彗星自身不会发光，是因为反射太阳光才被我们看到，而且彗尾方向是背离太阳的。

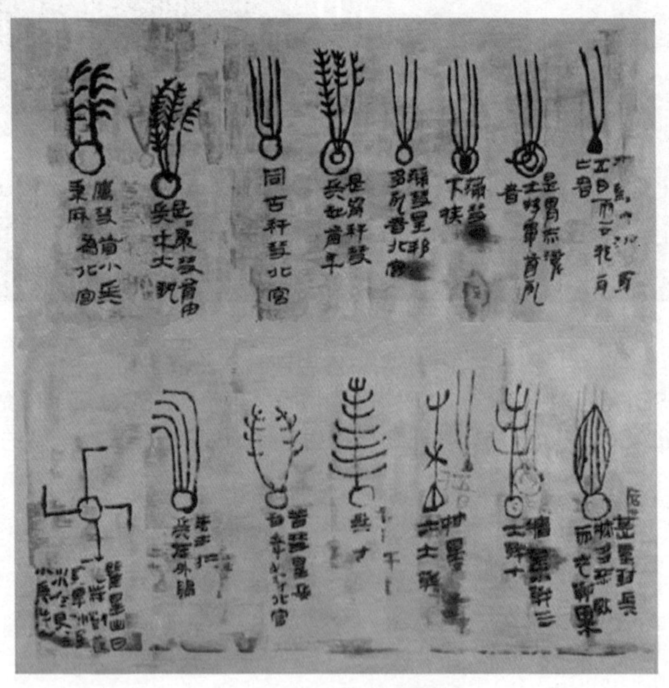

图 8–14　马王堆彗星图

彗星是一团冻结在一起的尘埃杂质，天文学家们又叫它“脏雪球”。现在认为太阳系最边缘的奥尔特云和柯伊伯带是它们的家。当彗星飞到太阳附近时，表层物质会因吸收阳光热量而挥发，彗星的体积也迅速膨胀，更容易被我们看到。气化的尘埃颗粒在太阳强大辐射压的作用下形成了彗星的“小尾巴”，所以彗尾的方向总是背向太阳。当彗星接近太阳时，彗尾拖在后边，当彗星逐渐远离太阳时，彗尾又成为前导。最著名的彗星当属哈雷彗星，以天文学家哈雷命名（没错，就是把日全食时粉红色的色球层当作月球大气的哈雷）。哈雷彗星绕日公转周期是76年，上次光临地球还是在1985年底至1986年初。

图 8–15　彗星 21P（2018 年 10 月，南京天文爱好者协会　姚慷提供）

图 8–16　彗星 21P（2018 年 9 月，南京天文爱好者协会　周翠祥提供）

20世纪50年代初，德国天文学家路德维希·比尔曼发现当彗星靠近太阳时，除了普通彗尾（尘埃彗尾），还会出现另一条方向明显不同的尾巴（等离子体彗尾）。这条新生彗尾是浅蓝色，方向也总是背离太阳，但方向总是沿太阳半径方向（图8–18）。比尔曼推测，太阳可能像电吹风机一样持续向外吹“风”，把一部分彗星

图 8–17　哈雷彗星

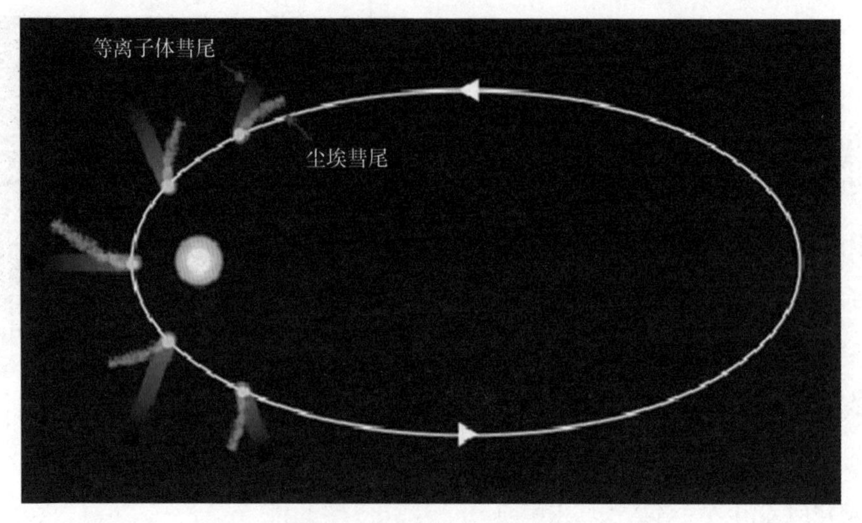

图 8–18　彗星双尾示意图

物质吹成这个特别的彗尾。他还估算这股风的速度大概在500~1500千米/秒。但最关键的问题，比尔曼没法解释这么高速的“太阳风”是怎么产生的。

日冕大气密度非常稀薄，大概只有地球空气密度的亿分之一。最初，天文学家们认为稀薄的日冕大气要支撑这些“王冠”，那么日冕底部必须有很高的温度。著名的空间物理学家查普曼通过计算得出日冕底部的温度可能高达数百万度。后来利用光谱诊断，确定了日冕温度确实可以达到如此高温。因此，查普曼认为日冕高温产生的向外膨胀力和太阳对日冕的引力可以达到平衡，从而形成了稳定“静止”的日冕结构。但是，如果日冕是稳定的，那么把彗星吹得“披头散发”的高速“太阳风”又是从哪来的?

芝加哥大学的天文学家帕克认为，日冕物质虽然非常稀薄，但是日冕的大气压强还是要比星际空间（近乎真空）大得多，再加上百万度高温造成的粒子剧烈热运动。如果日冕是“静止”的，那就像是一个内部沸腾的高压锅，必须开一个漏气口，让日冕大气像风一样向外吹出去，可以解决查普曼理论中过大的压强，又能找到比尔曼发现的异常彗尾的原因，一举两得。1958年，帕克从理论上预测太阳会持续向行星际空间吹拂等离子体，形成太阳风。1962 年，美国“水手2号”探测器在金星附近探测到来自太阳的高速带电粒子，其速度约为400~700千米/秒，验证了“太阳风”的预言！

“太阳风”与电磁波一样，是一个理论猜想与现实观测相互验证的过程。

同样是“风”，太阳风的速度远远胜过地球上的风。地球上12级台风约32.5千米/秒以上，而现在测量到的太阳风速度，离开太阳时就有200～800千米/秒，即便到了地球附近，还能够保持在每秒350～450千米/秒，是地球风速的上万倍。虽然太阳风如此猛烈，读者朋友们却不用担心被吹到太空里，因为太阳风连一顶帽子也吹不走！

为什么这么说呢？因为太阳风的密度与地球风相比非常非常稀薄。一般情况下，在地球附近的行星际空间中，每立方厘米只有几个到几十个粒子，而地球风的密度则为每立方厘米则有3×10^{19}个粒子。而且地球还有“宇航服”来保护我们，厚厚的大气层能够有效阻挡住太阳风的袭击。

太阳风虽然稀薄，但它携带着一个隐形武器——磁场。太阳风的成分主要是等离子体，即离子和电子，还有少量中性粒子。等离子体和磁场之间有一种特殊

图 8-19　太阳行星际磁场螺旋线结构示意图

的相互依赖关系，称为磁冻结效应，是由1970年诺贝尔奖获得者阿尔文于1942年提出的。当等离子体运动时，磁力线就像是“冻结”在等离子体中，随等离子体一起运动。因此，当太阳风高速冲出日冕，太阳磁场也会伴随着一起进入行星际空间。太阳风实际上是由高速等离子体流和磁场组成。在太阳附近，太阳风沿径向喷出。由于太阳自转，后续喷出的太阳风逐渐偏离最初的喷发方向，磁力线也越拉越长，成为行星际磁场。行星际磁场沿着太阳赤道面内分布，向外螺旋扩散成阿基米德螺旋形状，就像太阳穿着美丽的舞裙，在太阳系中心翩翩起舞（图8-19）。

看了这个螺旋形的“舞裙”，我们对日冕物质抛射冲击地球的担心就减轻了一大半，为什么这么说呢?

设想如果有一个日冕物质抛射爆发在太阳的东半球，类似图13的日冕物质抛射。因为磁冻结效应，高速喷射出来的等离子体流会沿行星际磁场往前冲，然后就被甩得越来越远离地球。而如果一个日冕物质抛射发生在西半球，虽然初始喷射方向远离地球，但是高速等离子体流会沿“舞裙”运动，正好迎面直击地球。

日冕物质抛射的等离子体流，脱离太阳束缚后，会沿螺线型行星际磁场前进。因此，如果日冕物质抛射的初始喷射方向是偏太阳西半球，那么就有概率扫过地球，日地之间的SOHO卫星必然首当其冲受到冲击。在汹涌的日冕物质抛射面前，SOHO卫星犹如激流中的一块渺小岩石，却一直坚定地站在地球面前，成为地球的预警灯。就如图所示，SOHO卫星观测到有日冕物质抛射从太阳冲出，大约4小时后在卫星观测窗口开始出现雪花状噪点，噪点甚至多到整个卫星视场都被雪花覆盖。这说明从太阳喷发出来的带电粒子已经穿越辽阔的行星际空间，冲击SOHO卫星，干扰卫星内部电子元件的运行。

第四节　太阳的脸忽黑和忽亮

SDO卫星利用不同的谱线对日冕进行观测，这些谱线对应不同的太阳日冕温度。不同温度的日冕，特点各有千秋。在百万度的极紫外波段，除了覆盖黑子群的冕环，日冕最显眼的标志就是会出现形状和大小都不规则的“黑洞”。日冕黑洞最早是在1950年由瑞士太阳物理学家瓦德迈尔发现的，他把这种区域叫作“洞”，现在把这些“洞”统称为“冕洞”。如图22就是SDO在193Å（百万度）

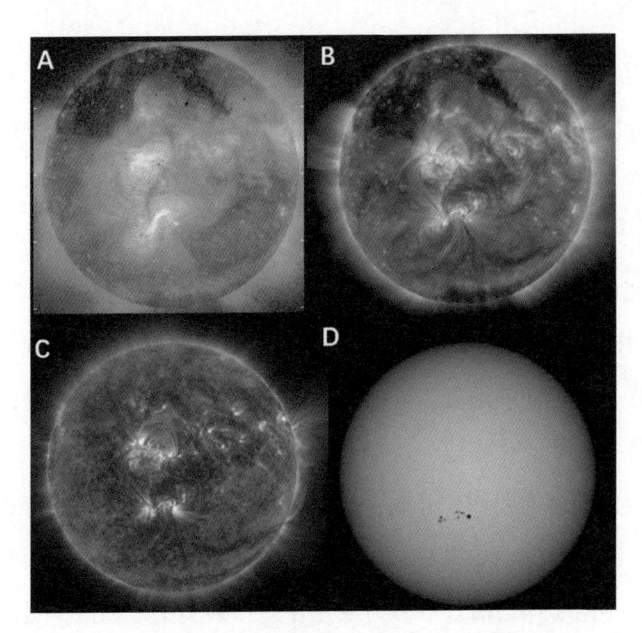

图 8-20　2015 年 12 月 27 日 冕洞
A：Hinode 卫星观测的 X 射线全日面图；
B：SDO/AIA 观测 193Å 全日面图；
C：SDO/AIA 观测 171Å 全日面图；
D：SDO/HMI 观测的可见光全日面图

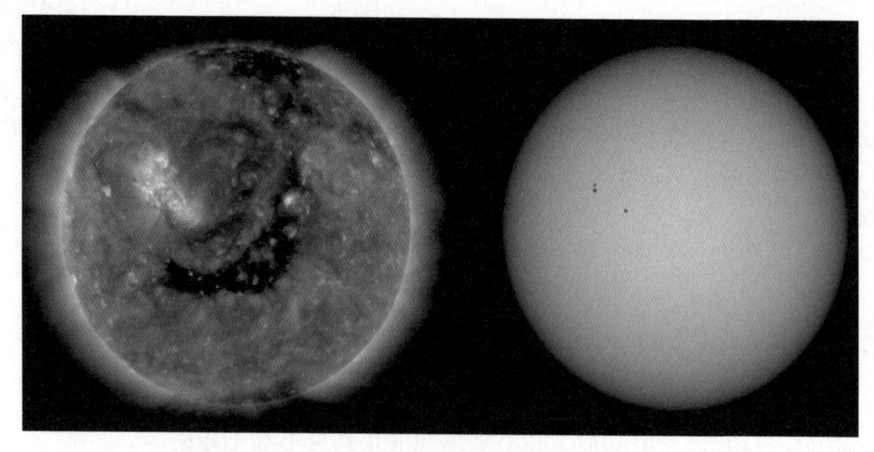

图 8-21　2017 年 1 月 17 日 SDO 观测全日面
左图：SDO/AIA 193 Å 全日面图。
右图：SDO/HMI 观测的可见光全日面图

波段观测到的冕洞。冕洞黯淡无光，深不见底，仿佛是直透太阳中心的深渊。然而，在几十万摄氏度的极紫外波段，冕洞并不明显，在更低层的太阳大气上（如光球和色球层），更找不到冕洞的痕迹。而在更高温的X射线波段，冕洞也很明显。这是一个奇怪的现象，冕洞就像是悬浮在日冕中高层大气中的空腔。冕洞经常出现在南北两个极区。根据科学家们的长期观察，冕洞在太阳黑子极大期，主要出现在两极，而在黑子极小期，除两极之外，冕洞也经常出现在日面中心区域。冕洞还有一个奇怪的地方，好像一直在“躲”着黑子。即便是出现在日面中心，冕洞也是绕开黑子区域。

冕洞对应太阳表面弱而“开放”的磁场区域。太阳大气内的等离子体与磁力线是“冻结”在一起的，如果冕洞对应“开放”磁场，就像是在太阳日冕上开了个窗口，高温等离子体会沿开放磁力线往外跑？事实正是如此，冕洞确实是高速太阳风的主要源头。从冕洞吹出的太阳风，速度能够达到800千米/秒，几乎是正常太阳风速度的3倍。

色球层上，黑子群中经常会爆发耀斑。在日冕，黑子群区域也经常会突然闪亮，说明太阳耀斑的爆发范围非常广泛，覆盖了从光球层到日冕的整个太阳外层大气。综合来看，日冕耀斑的影响范围更广，相关的现象也更丰富。耀斑爆发时，短时间内释放出巨量的能量，黑子群上空的“隐形气球”突然“爆炸”，冕环在“爆炸”的冲击下会先往外膨胀。大部分冕环虽然被爆炸冲击得来回振荡，但仍勉强维持对“气球”的笼罩，而有些冕环会被拉扯得最终断裂。耀斑爆发区域内的等离子体，甚至被突然释放出来的大量能量加速到近光速。这些高温高速等离子体像决堤的洪水一般，顺着断裂的磁力线喷涌而出，形成日冕物质抛射。日冕中也能看到亮带，与色球耀斑带相比，这些日冕亮带不但形态各异，尺度更大。更让人感到惊奇的是，在耀斑后期，亮带之间会有一系列新日冕环出现。这些新日冕环排列得整整齐齐，像是一道道桥梁横跨在逐渐分离的耀斑亮带上。图8-22就是TRACE卫星观测的一次日冕耀斑的爆发过程。

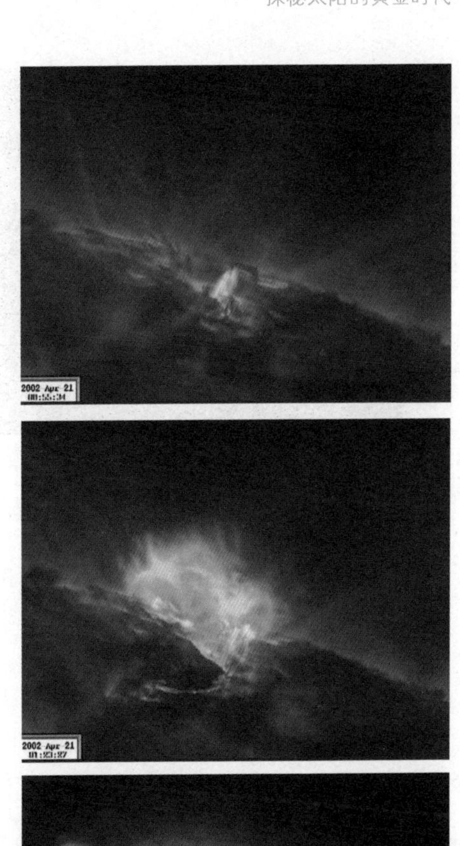

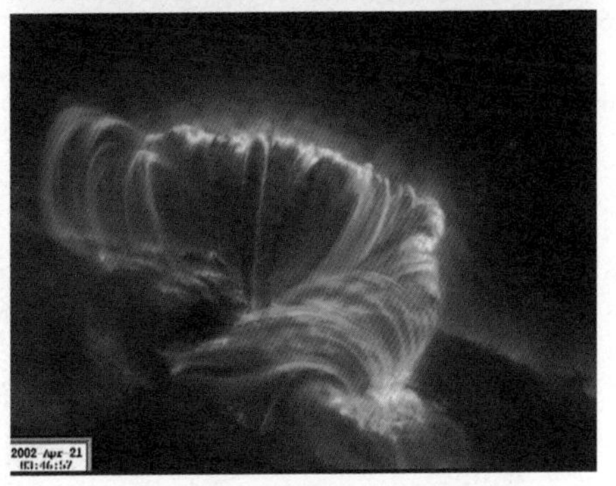

图 8-22　耀斑爆发过程图

暗条是耀斑的导火索。在图8-16中，演示了一个宁静区暗条爆发的场景，规模尺度大。宁静区暗条爆发在日冕中的动静也不小，场面更壮观。

综合耀斑在太阳不同大气层的观测特征，我们有理由相信，耀斑是覆盖了光球层、色球层和日冕层的整体爆发过程。而且，在日冕层看到的耀斑，通常

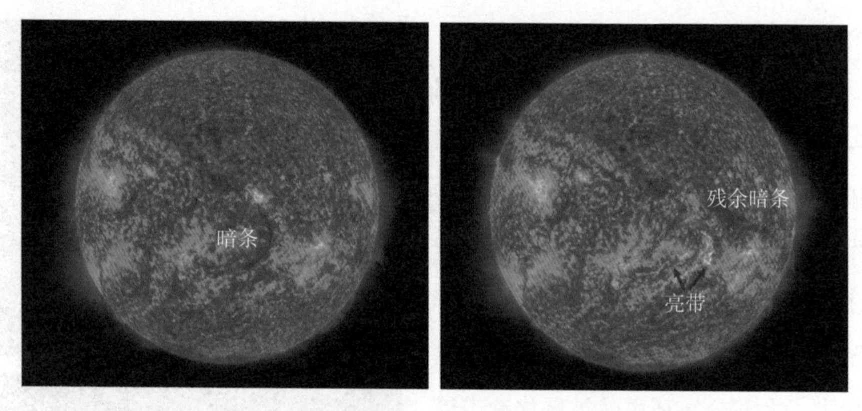

图 8-23　2015 年 11 月 15 日暗条爆发
（SDO/AIA 304 Å 观测）

要比色球层耀斑出现得更早，说明耀斑的初始爆发位置应该是发生在日冕层。能量往下传递到色球和光球层，才引起了低层大气的耀斑。

第五节　来自太阳的“未知”射线

1895年，德国物理学家伦琴在实验中发现一种神奇射线。这种射线具有很强的穿透力，书本、木板等不在话下，甚至能穿透十几毫米厚的铝板，势不可挡，只有更高密度的铅板能够阻拦住。当时对于这种射线的了解非常少，因此伦琴将其称之为X射线，在英文中，字母“X”是未知的意思。伦琴也因为X射线的发现而获得第一届诺贝尔物理学奖。X射线一经发现便引起了广泛的关注，经过深入研究后，人们确认X射线也是一种电磁波，其波长比紫外射线更短，能量更强。

当伦琴发现X射线后，科学家们前仆后继研究X射线，由于对X射线的能力认识不足，曾经进入一段X射线研究的“黑暗历史”，因为X射线凭借超强的穿透能力，会对人类等生命造成严重伤害。世界上最早进行X射线研究的人之一，德国

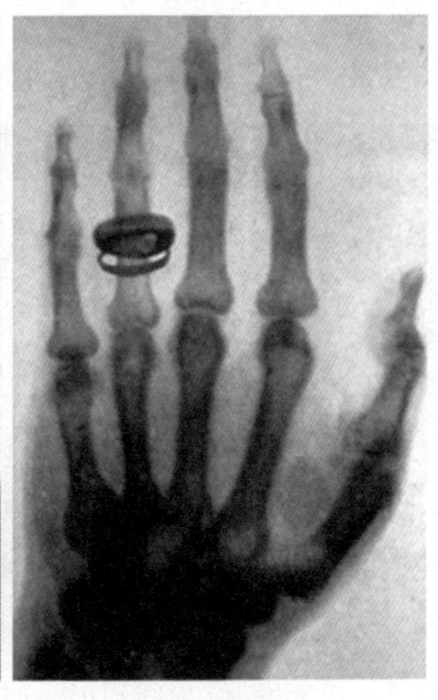

图 8-24　伦琴及其夫人左手的 X 射线照片

第一位X射线专家勋伯格，在研究过程中完全对X射线不加防护。1908年，在X射线发现后的第13年，勋伯格因为长期受X射线辐射而患严重皮肤癌，截去整条左臂。就连发明家爱迪生也曾经深受X射线的伤害，左眼不听使唤，肠胃失调。幸亏他及时停止继续亲自研究X射线，这一决定也挽救了自己的生命。但如果利用好X射线的透视能力，能给我们带来方便。比如X射线应用到医疗上，可以让我们不需要开膛破肚，就能轻松看清骨骼。清末重臣李鸿章就亲身体验过X射线的透视能力，也成为第一个被X射线检查身体的中国人。1895年，李鸿章赴日本签订《马关条约》时，被日本激进分子用手枪击中脸部。这不是普通的一枪，这是价值一亿两白银的一枪！后来李鸿章去德国访问，前宰相俾斯麦邀请李鸿章去做骨骼检查。李鸿章惊奇地看到屏幕上出现自己的面部骨骼，那颗值一亿两白银的子弹仍然嵌在里面！

幸运的是，地球大气对X射线有超强的吸收能力，如果能控制好X射线辐射的剂量，又可以化危害为福利，造福人类。现代社会中，X射线在日常生活中得到广泛应用，常见的有高铁和机场等地的安检机器，以及辐射剂量严格控制的医院X光检测等。

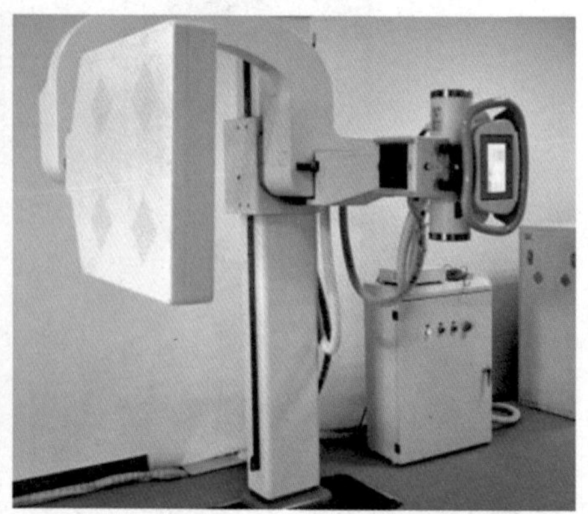

图 8-25　医院的 X 射线检测仪

太阳日冕也能发射X射线辐射，如图8-26就是十一年周期内太阳全日面X射线辐射变化图。由于地球大气对X射线的强吸收，我们在地表上无法观测太阳的X射线辐射。1948年，美国海军实验室的科学家们将改装的V-2火箭发射至几百千米的高空，第一次接收到来自太阳的X射线辐射，对太阳的认知拓展到更高能领域。1960年，海军实验室的布莱克等人利用“空蜂”号火箭携带一架照相机，成功拍摄到太阳的X射线照片。从20世纪60年代起，开始将X射线望远镜搭载到卫星上对太阳进行观测。1962～1969年，美国发射了轨道太阳观测站（OSO）1至6号，以及1969年苏联和东欧合作发射的国际宇宙1号，都从X射线波段对太阳进行探测。20世纪90年代，日本发射了阳光 (Yohkoh)卫星，对太阳全日面进行高分辨率X射线观测，极大推动了太阳X射线辐射的研究。2006年9月23日，日本又发射日出（Hinode）卫星，也搭载一台X射线望远镜，以更高分辨率对太阳进行X射线观测（图8-27）。

根据波长（频率）不同，X射线辐射可以分为两类。波长为0.1~10纳米的称为软X射线，是由温度在200万摄氏度~6000万摄氏度之间的高温等离子体产生的，一般来说，只有在耀斑爆发时，才能释放出足够的能量把等离子体加热到千万摄氏度高温。绝大多数的太阳耀斑都能引起软X射线辐射的增强。在X射线波段，耀斑形态与Hα或远紫外波段有明显不同，出现的不是亮带，而是明亮拱桥。如果耀斑恰好爆发在太阳边缘，从侧面看到的耀斑是类似蜡烛火焰般的尖顶结构。耀斑爆发时释放出来的能量沿磁力线向下传播，沿途把冻结在磁力线上的等离子体加热到几百万甚至上千万摄氏度的高温。因此，通过这千万度的“蜡烛火焰”，能粗略反映耀斑和磁场在日冕大气中的形态，耀斑发生在日冕中，“爆炸”位置在火焰的尖顶附近。

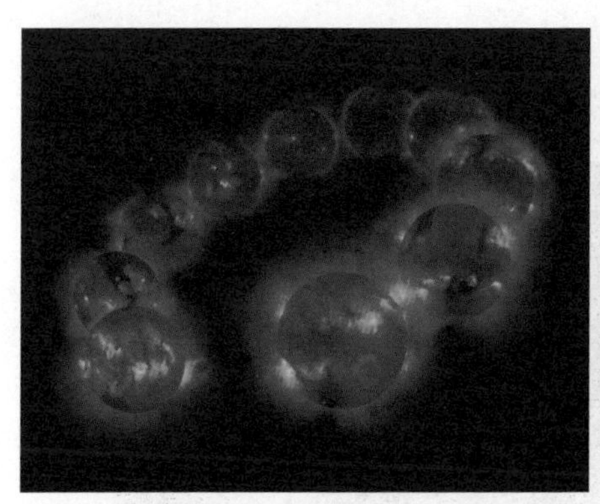

图 8–26　太阳 11 年周期内 X 射线变化　　图 8–27　Hinode 卫星艺术图

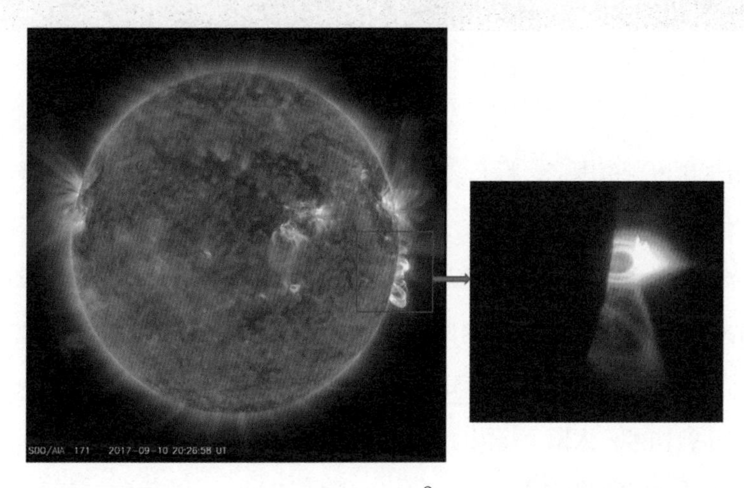

图 8–28　左：SDO/AIA 在 171Å 波段观测的全日面图像；
右：耀斑在软 X 射线波段的“蜡烛火焰”图像。

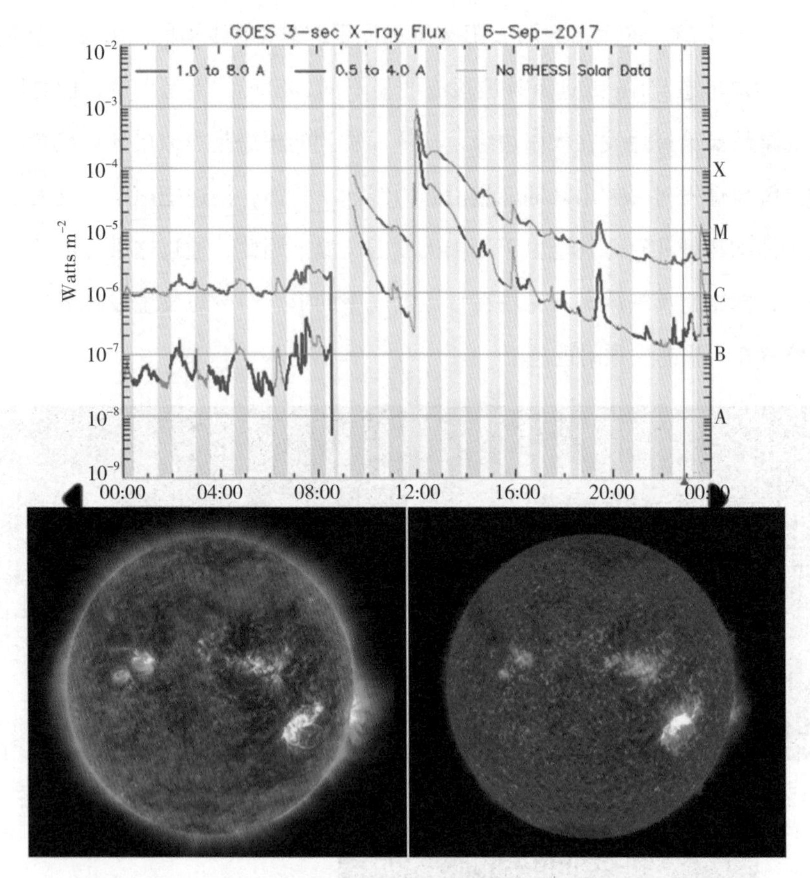

图 8–29　2017 年 9 月 6 号 X9.3 级耀斑软 X 射线流量曲线
（左下：耀斑在 171Å ；右下：耀斑在 304Å 。）

太阳耀斑覆盖范围广，形态复杂，爆发强烈程度也有很大差别，不同大气层次不同波段的观测特征都不一样。我们看到的耀斑受投影效应的影响，在太阳表面不同位置处形态各异，为了更方便对耀斑进行归类，现在一般利用GOES卫星记录到的0.8~4埃和1~8埃的软X射线流量来标志太阳耀斑的爆发级别。按照流量强度不同，可以把耀斑从低到高分为A、B、C、M和X级，其中A级最小，X级最强。2017年9月6号，太阳上爆发了一次近十年来的最大级别耀斑——X9.3级，这是第24太阳活动周的最强耀斑。

波长小于0.1纳米的X射线辐射被称为硬X射线。硬X射线的产生与软X射线有本质的不同，当高能电子以近光速运动时，如果迎面碰撞到高密度低温等离子体，高速电子会通过碰撞把动能传递给低速粒子，并产生硬X射线辐射。整个过程就像玩碰碰车游戏一样，高速车碰撞低速车，把动能传递给低速车，自己被反弹到一边，突然“刹车”。因此，这个硬X射线辐射过程又被称为刹车辐射或轫致辐射。一般来说，只有在耀斑爆发时，太阳大气中才会释放出足够的能量把带电粒子（主要是电子）加速到近光速。因此，硬X射线辐射就像是指示灯，让我们能够追踪到太阳内部高速电子的运动轨迹。20世纪70年代以后，SMM、Yohkoh等卫星都搭载了硬X射线望远镜。最早发现的硬X射线辐射源就位于色球Hα耀斑亮带上。这是因为太阳外层大气的温度分布虽然越往外越高，但是密度变化却是正常的，光球层最高，越往外越低。色球层的密度又比日冕高几个数量级。耀斑爆发产生的高能电子沿磁力线向下冲击，会一头撞上色球层这块“钢板”，通过轫致辐射产生硬X射线。

2002年，美国又发射了专门探测太阳硬X射线辐射的RHESSI卫星。该卫星能够以最高2个角秒的分辨率对全日面进行成像（相当于能分辨出太阳上2000千米大小的尺度）。凭借高空间分辨率和高能量覆盖范围，RHESSI卫星极大推动了太阳物理的发展，对太阳高能研究做出重要贡献。时光如梭，如今的RHESSI卫星已经垂垂老矣，超额服役多年。未来对太阳硬X射线辐射的观测，就寄希望于我国计划在2022发射的先进天基太阳天文台（ASO-S）卫星。这是我国首颗太阳综合卫星，上面搭载的硬X射线成像仪（HXI），以更高能量分辨率和空间分辨率，迎接第25太阳活动周峰年的到来。

耀斑爆发时，太阳上还能辐射出波长（<0.2Å）比X射线短，穿透能力也更强的伽马射线，其能量是可见光的万亿倍。同太阳射电辐射一样，伽马射线的发现也是“无心插柳柳成荫”的结果。1967年，当时正值美苏争霸的冷战时期，美国试图利用薇拉卫星来探测“核闪光”，即核弹爆炸后产生的高能辐射。薇拉并没有完成它的本职任务——监视苏联秘密进行的核试验，却阴差阳错探测到来自太空的高能射线，即伽马射线。最初，美国以为是苏联在进行空中核实验，后来

发现这些高能射线在太空不同方向上的分布是均匀的，这表示着它们不仅仅来自银河系，还可能来自银河系以外的天体。如果这个假设正确，这些银河系外天体需要释放出天文数字的能量，甚至足以照亮整个星系，才能保证发射出足够多的伽马射线，能够穿越茫茫星际空间到达地球。

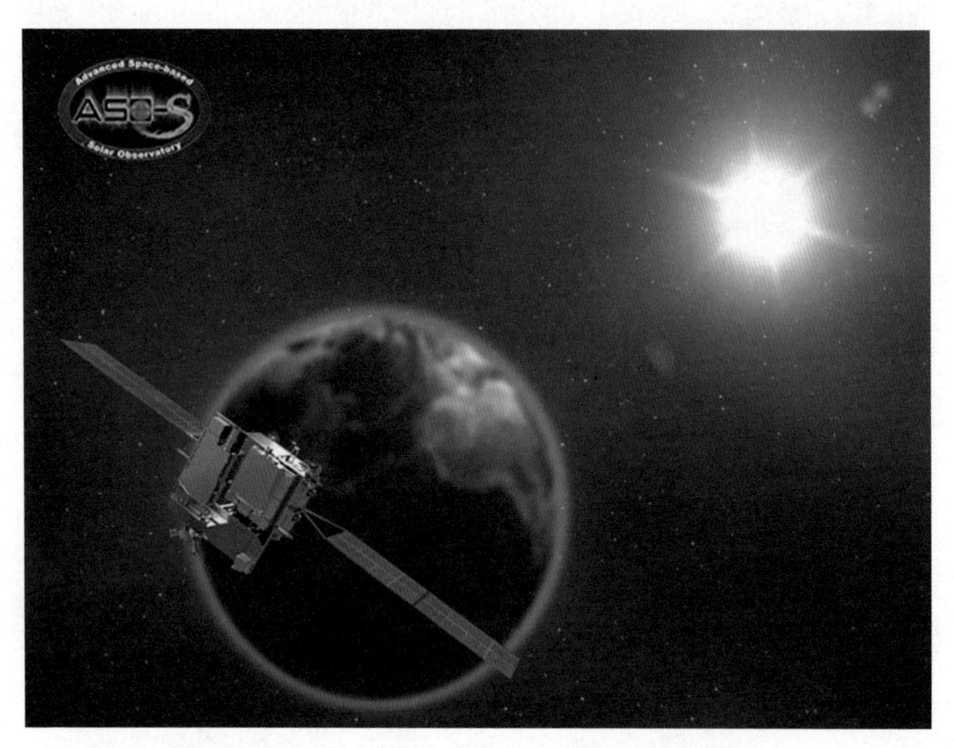

图 8–30　先进天基太阳天文台（ASO–S）艺术图

第九章　太阳活动与人类

第一节　太阳周期演化影响人类

太阳对地球的影响，最直观的就是阳光照亮了大地，有了白昼黑夜；阳光温暖了大地，有了春夏秋冬。更奇妙的是，日地系统，无论是相对体积，还是距离，都恰到好处，才让地球上有了万物生灵。当我们像剥洋葱一样层层揭开太阳大气构造，认清了太阳的真面目，我们也逐渐认识到，太阳与地球的相对大小和距离虽然保持稳定，但是太阳本身发出的光和热却有周期性的变化。

我们古代人民在远古时期可能就已经认识到太阳的光和热会增强，比如我国史书中就有太阳变化改变气象的例子。《黄帝占书》记载："日中三足乌见者，大旱赤地。""三足乌"就是指太阳黑子，确切说是大型黑子群。这句话的意思就是，当太阳上出现大型黑子群的时候，人间就会大旱，气温升高。我们现在知道太阳黑子有11年周期变化，而大型黑子群主要出现在黑子极大期。那《黄帝占书》中的记载是不是说明，在太阳黑子极大年我国会气温升高、降水减少呢？其在更早的传说中，也能找到太阳热量突然增加的线索。比如在《后羿射日》的故事里就描述了十颗太阳发出的总热量远远超过平时一颗太阳发出的热量，导致地面都要被烤焦了。远古时期，人类整体文明还处于蒙昧状态，面对无法解释的异常自然现象时，只能用天上同时出现十个太阳来解释太阳热量的突然增强。后羿射日的传说，描述的可能是在太阳的影响下，地面气温突然变得很高的情况。

1801年，英国天文学家赫歇尔在仰望星空之余，也不忘脚踏实地。他发现当太阳黑子较少时，当地雨量会变少，导致农作物减产，粮食价格上涨。然而，瑞士天文学家沃尔夫在1852年却发现当太阳黑子较多时，苏黎世气候较干燥（降雨减少），农业获得丰收；而当太阳黑子较少时，天气较潮湿，常有暴风雨，造成农业歉收。他们俩一个在英国，一个在瑞士；一个是岛国，一个是内陆国。赫歇尔和沃尔夫的结论差异很大，可能是由于生活地点不同造成的。但有一点可以确定，那就是太阳黑子的周期变化，一定会对地球气象产生影响，而这种影响在不同区域可能是不一样的。

农耕时代，气象变化与我们人类生活密不可分。因此，天文学家们希望能够摸清太阳黑子周期对地球的影响规律。研究区域范围太小，结果可能没有代表性。因此，天文学家们把研究范围开拓到全球，北半球以陆地为主，南半球以海洋为主。研究发现太阳黑子多的年代，南半球海洋温度会升高，北半球的地面温度也较高。

然而，太阳黑子也有周期异常变化的时期，比如蒙德极小期，在公元1645~1715年长达70年的时间内，太阳上极少有黑子（图9-1）。历史上，这段异常的延长极小期对地球气象的影响非常明显。当时，全球平均温度下降多达1摄氏度，因此又被称为“小冰河期”。那时，英国大部分河流在冬季都冻结了，人们甚至能够穿着旱冰鞋横穿泰晤士河，还在冰封的泰晤士河上举行冰冻博览会。当时，正值我国明末清初的社会动荡时期。夏季，大旱与大涝相继出现，冬天则奇寒无比。现在的上海、江苏、福建、广东等地都降暴雪。清朝初年，历史学家谈迁在《北游录》中记载了当时南方各地均受寒冷的影响。1654年（顺治十一年）11月，吴江运河冰厚三尺多，而且从吴江一直冻到嘉兴。这种恶劣天气，严重影响农业生产。清初叶梦珠编写的《阅世编》中提到，江西的柑橘因为品质优良，广泛栽种。然而，在小冰河期最盛的顺治、康熙年间，由于橘子树经常被冻死，橘农都不敢再种橘子了。

如果说太阳黑子的延长极小期，会导致全球气温降低。那么如果太阳黑子有延长极大期，会不会引起全球变暖呢？根据现有的太阳黑子观测记录，从1610年开始到现在，并没有发现“延长极大期”，无法验证这个猜想是否正确。如果再往前追溯，世界公认的目视黑子记录也只能到公元前28年。科学家们根据树木中碳-14同位素的衰变，粗略反演更远古时期太阳的变化。

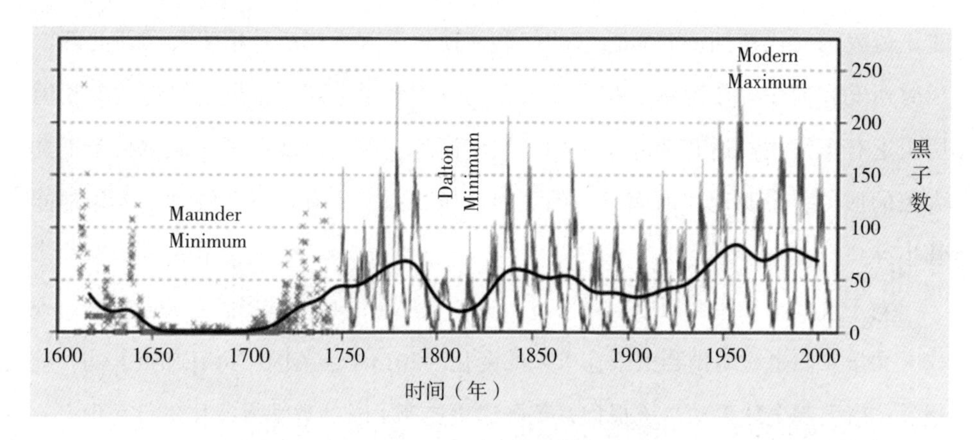

图 9–1　400 年太阳黑子变化

碳–14是高能宇宙射线撞击空气中的氮原子所产生，是一种放射性元素，半衰期约为5730年，就是说每过5730年，物体内的碳–14，有一半会衰变成其他元素。碳–14的半衰期是稳定的，可以根据物体内现有碳–14的含量，来估计物体的“年龄”。碳–14能与氧结合成二氧化碳，植物通过光合作用把含有碳–14的二氧化碳气体吸入体内，合成有机物，碳–14就保存到植物体内。只要植物生存，就会持续不断地吸收碳–14。当植物死亡后就停止碳–14的吸收，体内的碳–14处于稳定的数值。随着时光流逝，碳–14便以5730年的半衰期开始衰变。科学家只要测量出物体内碳–14的含量，根据它的半衰期，就可以计算出植物的年龄，也可以估计出当时高能宇宙射线的强弱。

高能宇宙射线会受到太阳风的阻挡，当太阳风强时，高能宇宙射线弱，则碳–14含量少。而太阳风的强弱跟太阳活动一样，受太阳11年周期的影响。尤其是在太阳活动峰年，持续的强劲太阳风阻挡大部分的高能宇宙射线。因此，在太阳活动峰年期生长的植物，它们体内的碳–14含量是非常少的。与此相反，在太阳活动低谷年，植物体内的碳–14含量就多。利用植物中碳14的含量也可以估计太阳黑子变化。

利用这个方法，天文学家埃迪认为公元1100~1250年可能是太阳黑子活动的“超级极大期”。这个持续百年的极大期，正对应12~13世纪的气候适宜期。当时正值我国元代初期，温暖适宜的气候，使竹子等都广泛种植于我国西北部，当时西安和博爱（今河南）都设立竹监司管理竹子生产。根据古籍记载，我国历史上有多次气候适宜期和寒冷期。河南简称“豫”，展现了一人拿长矛抵抗大象的形象，说明现在河南省内的黄河流域，在古代有过温暖气候，大象都能够生存。

对于现代人来说，历史毕竟太过久远，无法感同身受，我们更关心未来。现代天文学家们也纷纷预测太阳在未来的变化。2015年，英国《每日邮报》的一篇报道，就引起全球轰动。该报称，英国诺桑比亚大学的数学教授扎尔科瓦预言，从2030年开始，未来30年内，太阳活动将减弱60%。这里的太阳活动，是指太阳耀斑和日冕物质抛射等剧烈爆发，这类剧烈爆发的数量与黑子数成正比关系，也就是说太阳又将进入一个延长极小期，地球是否会步入小冰河期？这些科学家的预言是正确的吗？

虽然在过去两百多年里，太阳的11年周期基本稳定。但每个太阳黑子周期，无论是周期长度，还是黑子数目多少都各不相同，相应的太阳爆发活动也有所变化。从第21周开始，后续几个周期的黑子数目呈现越来越弱的趋势，即将到来的第25活动周（2019年开始），是延续这个趋势，变得更弱，还是会剧情反转而变强？

扎尔科瓦利用自己建立的模型，对过去3个太阳周期进行模拟，结果与真实观测记录符合得很好，而且能够准确再现当前太阳周（第24周）的情况。根据这个模型，她预测在第26活动周（即2030~2040年），太阳黑子数会变得很少，太阳活动强度大幅度减弱，太阳将处于一个长达30年的平静期，类似于弱化版“蒙德极小期”。如果这个预测准确，地球上将会再次出现一个小冰河期，极有可能造成全球气温下降，这或许能够缓解当前全球变暖的境况（图9–2）。

地球气象变化受太阳黑子周期的影响，在太阳极大延长期，全球温度会升高；而在太阳极小延长期，全球气温会下降。根据我们的直观感受，光球层黑子的温度要明显低于其他区域，差距将近1500摄氏度。在太阳极大期，黑子数量很

图 9–2　预测小冰河期
（左：全球变暖，北极冰山融化；右：冰河）

多，覆盖了相当一部分的太阳表面。如果只看光球层黑子的变化，会简单推断出这样一个结论：黑子多则可能导致太阳光球层发出的光和热变少，从而会引起地球变冷。理论推断与现实结果相互矛盾，到底是什么原因呢？

由于地球大气的吸收和散射等作用，地面接受的电磁辐射主要是可见光为主。根据实际测量，在一个太阳周期内，黑子极大期和极小期，可见光辐射总量的变化并不大，大约有千分之几。所以说，单纯黑子数目多少引起的可见光变化，对地球温度的影响是很微弱的。然而，一个太阳周期内，太阳外层大气中可以爆发数以万计的耀斑，以及日冕物质抛射等活动。一次耀斑爆发释放的能量有多少呢？据估计，一次中等规模的耀斑，释放出来的能量大概有10^{32}尔格。尔格是能量单位，简单来说，一只苍蝇做一次俯卧撑所消耗的能量基本就是1尔格。但10^{32}尔格的能量，几乎与几亿颗原子弹同时爆炸释放出来的能量相当。如果一次太阳耀斑发生在地球上，释放出来的能量足以把地球推到毁灭边缘。

太阳耀斑爆发时，能量直接释放在太阳大气中，但部分能量会转化成电磁辐射、粒子动能等，可以直接对地球造成影响。因此，如果太阳恰逢一个延长极大期，太阳爆发活动对地球的影响是不容忽视的。除了耀斑等剧烈爆发活动，黑子光斑、色球谱斑等也能对地球温度升高做出贡献。

总体来说，我们认为在太阳极大期，虽然黑子数目增多引起的可见光辐射会有一定程度的减少，但频繁爆发的各种太阳活动造成的辐射增强更显著。这可能也是在太阳极大延长期，全球温度升高，气候温暖适宜的原因。

第二节　太阳爆发活动影响人类

虽然耀斑爆发在太阳大气中，距离我们有1亿5000万千米的距离，我们也不能忽视它们对地球造成的危害。例如，我们人类第一次发现的太阳耀斑——卡林顿耀斑，就给当时整个人类社会敲响警钟，并造成大范围的电力破坏。1859年9月1日，卡林顿发现太阳黑子群中爆发耀斑，仅仅几个小时以后，地磁场强度突然增加，到第二天，地磁场强度骤增至超出仪器计数范围。本来应该只在极区出没的极光，范围一下子扩大，映照到了北纬20度。以国家为单位的电报和电力系统受到打击。太阳耀斑爆发，对地球和人类的影响主要集中在电磁方面。

根据现代对太阳的多波段观测和研究，我们知道了太阳爆发活动主要通过增强的光辐射、高速等离子体流以及与等离子体冻结在一起的太阳磁场对地球造成影响。我们在后文大概介绍这几种方式如何影响地球空间环境和人类社会生活，尤其是现代高科技生活。

一、电磁辐射对人类的影响

耀斑造成的光辐射增强主要集中在光谱的两端，即高能辐射（紫外和X射线）和射电辐射。

地球最重要的保护手段之一——大气层——对射电辐射不设防，突然增强的射电辐射可以畅通无阻到达地面。但是，射电波的能量低，增强的辐射也不会对生物造成太大影响。因为大气层对射电辐射完全“透明”，增强的射电辐射反过来也不会对大气层造成影响。

紫外线和X射线等高能电磁辐射，对地球上的生物有强杀伤力，可以直接破坏细胞，对生命造成不可恢复的伤害。庆幸的是，地球大气对这些高能辐射有强吸收作用，使其无法渗透到地表。但地球大气吸收高能辐射时，自身也受反作用，“杀敌一千，自伤八百。”高能辐射对地球的影响主要就是体现在影响大气层，再间接影响人类社会。

地球厚达千米的大气层，根据大气物理性质（如密度、温度等）随高度的变化，从下往上可以分为对流层、平流层和电离层。大气层会出现明显不同的几个层次，与太阳不同波段的光辐射对大气的反作用有密不可分的关系。

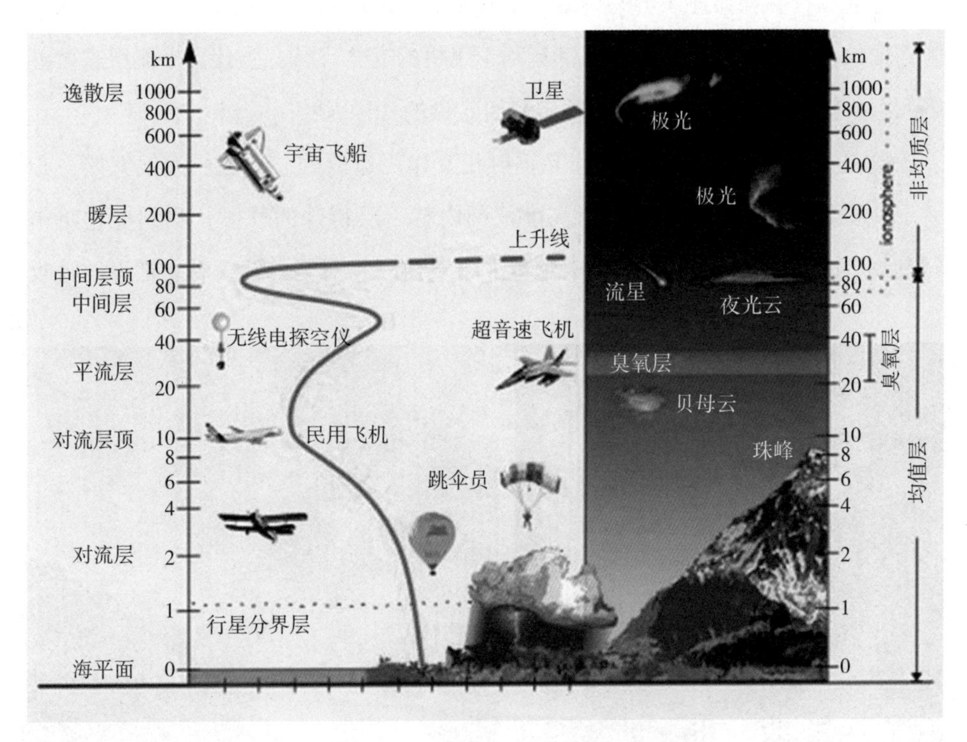

图 9–3　地球大气分层结构

地球大气对太阳光辐射开了两个VIP通道，一个给了射电辐射，另一个就是可见光。可见光，尤其是加热效应明显的长波段红光，可以直接穿透大气层，因此也不会对大气造成直接影响，而是直接加热地面。地面被加热后，会通过热传导将热量传递给近地表大气。因此，越靠近地面，空气温度越高；离地面越远，受热越少，气温就越低。平均每上升100米，气温约降低0.65摄氏度。由于上冷下热，低层大气中垂直对流运动和无规则的乱流都相当强烈，因此，从地面往上大概10千米的大气层就叫作对流层。对流层的空气湍流多，是造成望远镜图像扭曲的罪魁祸首。

从对流层顶到50~55千米高度的大气层称为平流层。顾名思义，平流层的气流特点跟对流层正好相反，不会上下流动，而是水平流动。飞机可以顺着气流飞行，特别节省燃料，还不容易颠簸。而且平流层内的水汽和杂质少，几乎没有云雨等现象，能见度高，这些因素都有利于飞机的安全飞行。为什么平流层这么善解人意，就像是为我们人类航空事业量身定做的一样呢？

这是由于平流层大气与太阳光辐射相互作用造成的。平流层大气就像夹心饼干一样，在距地面20~40千米高度范围内有一层特殊的气体，我们把它叫作“臭氧”（图9-4）。臭氧气体对地球非常重要，它对紫外辐射有非常强的吸收

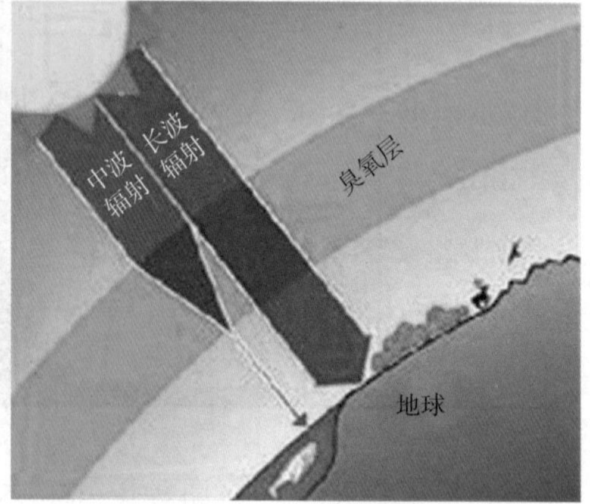

图 9-4　地球的防紫外线伞——臭氧层

能力。正是有了臭氧层这个天然紫外滤光器，地球上的生命才免受过量紫外线的伤害。更重要的是，臭氧层也不是吸收全部的紫外辐射，而是非常人性化的“遗漏”一部分到地球表面，剂量恰到好处，能有效消灭空气中的病菌，对人类生命健康大有裨益。

臭氧层之所以能吸收紫外辐射，是因为它们相生相克。平流层中的臭氧是由太阳紫外辐射“制造”出来的。地球大气中的氧分子，会被短波紫外线分解成氧原子。氧原子活力四射，容易与其他物质发生反应，例如，与氢原子生成水，与碳原子生成二氧化碳，而如果与氧分子反应，就会形成刺鼻气味的臭氧。臭氧比氧气重，会从高处逐渐向下沉降。臭氧反过来又以自身被分解为代价，吸收长波紫外辐射，再次还原为氧气，同时将紫外辐射能转化为热能，使整个臭氧层的温度升高。随着大气高度增加，来自太阳的紫外辐射就越强，臭氧层“吃”的能量就越多，大气温度就越高。这就造成了平流层的温度变化与对流层相反，从底部开始升高，到平流层顶部能增加到–3摄氏度。温度上高下低，自然就很少发生上下对流。

从平流层往上，空气越来越稀薄，而宇宙高能射线、太阳高能辐射（主要是紫外线和X射线）和高能带电粒子越来越多。大气分子吸收太阳高能辐射的能量后，本来安安分分围绕原子核高速旋转的电子，就能够挣脱原子核的束缚，成为自由电子。所以，以中性空气分子为主的地球高层大气，摇身一变成了自由电子和离子的组合，即等离子体。这层大气也叫作电离层。

从平流层顶一直往上延伸1000千米，都是电离层的覆盖范围。电离层，是在我们人类步入现代电磁社会的过程中被发现的，尤其是“无线电之父”意大利科学家马可尼起了极大推动作用。

图 9–5　工作中的马可尼（左）

马可尼是世界上第一台实用无线电报系统的发明者。他在1895年就成功地把无线电信号发送到了2.4千米（1.5英里）之外。1901年12月12日，是具有历史意义的一天，也是人类通讯史上里程碑式的一天——马可尼实现了跨大西洋的无线通讯。无线电波从英国康沃尔郡的波特休发射，在加拿大纽芬兰省的圣约翰斯被接收到，传输距离为3381千米（2100英里）。这是有史以来的第一次越洋通讯，震惊全球。基于在无线电通讯上的贡献，马可尼在1909年获得诺贝尔奖，被称为“无线电之父”。

跨大洋的洲际无线通讯，让人振奋。但在当时有一个疑问却无法解释：地球半径有6000多千米，沿直线传播的无线电波如何“翻”过地球这座大山？当时，许多科学家猜测在地球高空可能存在一个特殊大气层，内部满是等离子体，即电离层，可以把地面发射的无线电波像乒乓球一样反弹回去，如图6。无线电波在电离层和地面之间反弹，经过多次反弹以后，电波就可以绕过地球传播到另一面。1924年12月11日，英国物理学家阿普尔顿从波内茅斯发射周期性变频无线信号，在牛津接收到了该信号，发现距地面大约90千米处存在一个电磁反射层，证实了电离层的存在。

电离层能够反弹电磁波，是由于电离层有一个临界频率（或截止频率）。当电子挣脱原子核的束缚，成为自由电子，会在等离子体内乱跑乱窜，引起混乱。

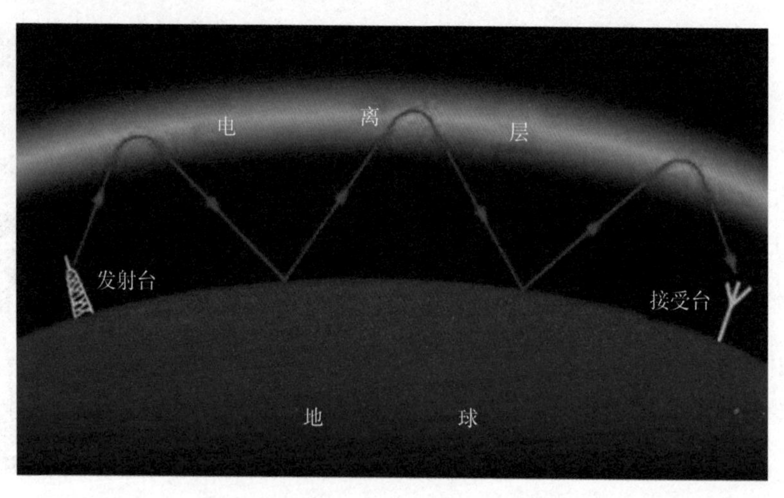

图 9–6　电离层反射射电波示意图

星星之火可以燎原，这个小规模混乱最终在等离子体内形成带电粒子的集体振荡，振荡的频率与等离子体内自由电子密度直接相关，这个频率就是等离子体的临界频率。电离层也有其固有的临界频率。如果外来无线电波的频率高于电离层的临界频率，那就能叩门而入，甚至穿过等离子体，进入太空；反之，不但会被拒之门外，还会被反弹。我们能够实现跨地球的无线通讯，就是利用无线电波在电离层和地表之间多次反弹，使其在地球另一面被接收到。

太阳耀斑等爆发活动引起的高能辐射增强对电离层的影响特别明显。增强的X射线能够穿越正常的电离层下边界，电离更低层地球大气，使电离层的范围往下延伸，导致无线信号不会被反弹，而是进入电离层，被等离子体吸收，甚至穿透电离层扬长而去，地面接收到的无线电信号衰减或中断，使船舶、飞机依赖的无线电通讯受到影响，全球卫星通讯遭到破坏，还会对导航定位产生干扰。

我们的羽绒服在阳光下一晒，吸收热量后就会变得蓬松。地球的“羽绒服”——大气层受到太阳高能辐射增强的影响，也会向外膨胀。电离层吸收增强的太阳高能辐射，更多的大气分子被电离，同时温度还会升高。尤其是在100千米以上的高层大气，温度增加得更明显。高温气体向外膨胀，使更高层的大气密度增加，也扩大了地球大气层的范围，大气层“变胖了”，会影响人造天体的正常飞行。像气象卫星，飞行轨道高度在600~1500千米之间。当大气层的密度增加，它们受到的大气阻力就增大，就像我们本来在操场上自由奔跑，如果换成在水中奔跑，阻力增加一样。阻力增大，卫星速度会降低，在地球引力的拉扯下，飞行高度就下降。高度越低，大气层的密度就更高，飞行阻力更大……陷入恶性循环，最终造成人造卫星提前坠落。

二、高能粒子对人类的影响

太阳耀斑等爆发活动释放出来的能量，还有一部分转变为带电粒子的动能，甚至能够将爆发源区的带电粒子（主要是电子）加速到相对论速度。这些高能粒子可能冲破太阳束缚，高速突入行星际空间，形成日冕物质抛射。太阳直径约相当于地球的110倍，如果地球是一个乒乓球大小，那太阳就是直径为4米的大球。上亿吨的带电粒子流，冲出太阳时整体速度高达1000千米/秒。一般来说，初始位置位于太阳西边缘的耀斑或日冕物质抛射，它们引起的高速粒子流，在跨越了1亿5000万千米的日地距离后只有很少一部分高能带电粒子能够直接冲击到地球，如图7。但这些带电粒子依然会破坏地球空间环境，进而影响我们的生活。

图 9–7　日冕物质抛射和地球大小对比
（右边缠绕绳状亮带为日冕物质抛射，下方小蓝点是地球）

地球直径有6000多千米，而一个电子只有10~18千米。我们经常用“以卵击石”或“螳臂当车”来形容柔弱小物体自不量力与坚实大物体碰撞。但是，当柔弱的“小”与坚实的“大”高速相撞时，会以两败俱伤的方式对坚实的“大”造成严重破坏。例如，机场附近的飞鸟已经成为威胁航空安全的重要因素。一只麻雀就会给飞行中的飞机造成损坏。体型小、重量轻、血肉之躯的飞鸟，为什么能把钢筋铁骨的飞机撞坏？这是因为破坏力主要来自两者的相对速度。一只0.45千克的鸟与时速800千米的飞机相撞，会产生153千克的冲击力。如果一只7千克的大鸟撞在时速960千米的飞机上，冲击力将达到惊人的144吨！

太阳爆发产生的粒子流，可以根据速度分成两大类，即快速高能粒子流和慢速等离子体流。快速高能粒子流能够在20小时内到达地球，而慢速等离子体则需要1~3天才会到达地球（图9–8）。虽然经过漫长的空间旅途，这些带电粒子会损失能量，速度降低，但人造卫星测得地球附近的太阳带电粒子，速度仍有几百千米每秒。带电粒子要远远小于飞鸟，而地球也不是飞机能比的。但它们之间的相对速度却非常大，这些“超级小导弹”会对地球造成什么样的冲击呢?

太阳耀斑等剧烈爆发引起的带电粒子流，能量很高，会对人造卫星、空间站以及宇航员甚至高空客机中的乘客构成极大威胁，被称之为“无影杀手”，是人类航天活动需要重点防护的空间环境因素（图9–9）。

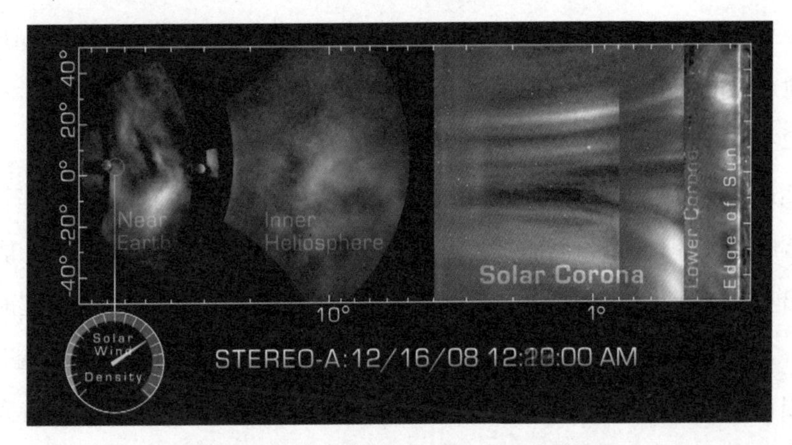

图 9–8　太阳高能带电粒子冲击地球
（白色雾状为卫星观测的太阳带电粒子流。右边蓝色星球即为地球，金色星球为金星，太阳在最右边缘以外。）

图 9–9　太阳高能带电离子冲击卫星

太阳高能带电粒子气势汹汹攻击地球，首当其冲的是太空中的飞行器。现代航天技术大量使用高度集成的电子器件，体积小、功耗低、存储量大、运行速度快，但抵抗高能粒子的能力相对较弱。如果高能质子或重离子进入微电子器件，会导致器件逻辑功能反转，“是非不分”，或直接损坏，造成航天器发生异常或故障。我国“风云一号”气象卫星在1990年11月初的高能粒子增强事件中就受到影响，内部计算机程序混乱，无法保持卫星姿势稳定，导致卫星在空间轨道上“翻跟头”。1997年1月，由太阳活动引起的高能粒子暴造成美国TELSTAR-401同步轨道通讯卫星失效。该卫星属于美国AT&T公司，价值2亿美元，设计使用寿命为12年，结果仅服务了3年，致使AT&T公司损失高达7.12亿美元！

当航天器遭遇高能粒子轰击时，高能带电粒子还会直接破坏物质内部分子结构，造成航天器上的各种材料加速退化、电子器件的性能衰退，例如太阳能电池的输出功率降低，半导体器件的性能指标下降甚至损坏，严重时可以引起航天器故障，甚至使航天器失效。历史上发生过多次高能粒子流增强而造成人造卫星电池板损伤，导致卫星动力不足甚至失效的事件。1989年3月，太阳上的特大黑子群连续爆发几次大耀斑，产生的高能粒子流使美国GOES-7地球同步气象卫星一半的太阳能电池板永久损坏，直接导致该卫星使用寿命缩短一半。还有，1991年3月，太阳耀斑引起高能粒子流严重破坏了日本广播卫星的电池板，其中一个频道（只有三个频道）由于电力供应不足而不能使用，也损坏了欧洲海事通讯卫星MARECS-A上的太阳能电池板，使其输出功率下降而无法继续服务。

但我们并不需要“杞人忧天”，担心地球会被高速带电粒子撞出一个窟窿。因为地球有两层保护，能够“御敌于外”！第一个就是物理防御系统，即地球的羽绒服或防护服——大气层。即便是体积比带电粒子大得多，速度达到30千米/秒的小行星来犯，大气层也会通过摩擦生热，将它们在空中化为灰烬，形成美丽又短暂的流星。对于小小的带电粒子，大气层的处理方式则更直接，让大气分子与它们直面碰撞，吸收它们的能量，化敌于无形。

地球抵抗高能粒子的手段，不但有大气层，还有另一个杀手锏——地磁场

（图9-10）。这是魔法防御系统，能把带电粒子束缚住，有效阻止它们深入地球大气层。地球内部存在天然磁性的地核，磁力线从地理南极钻出地表，向太空延伸到离地面数万千米，又在地理北极进入地球内部，是一个偶极磁场。地磁场的磁轴与地轴并不完全重合，有大约11度的偏差。北宋时，沈括就在《梦溪笔谈》中指出磁轴与地轴方向略偏：“方家以磁石磨针锋，则能指南，然常微偏东，不全南也。”

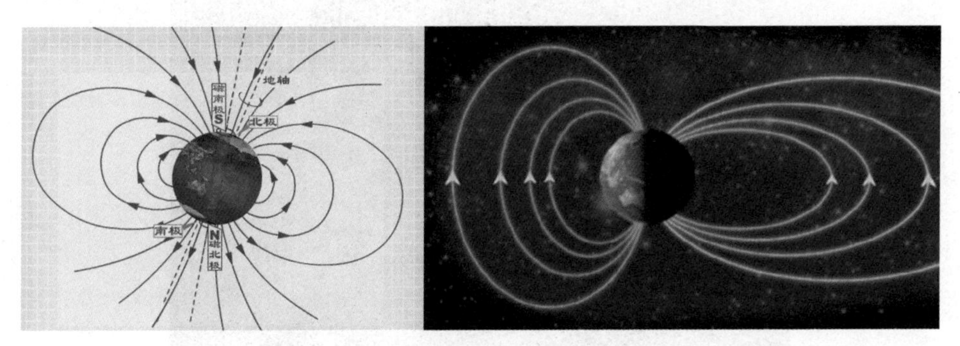

图 9-10　地磁场示意图

作为地球重要的防御手段，地磁场就像笼罩在地球外面的一层防护网。太阳日冕持续往外吹太阳风，当太阳风刮到地球附近时，会对地磁场施压，在向阳的一侧，地磁场被压缩成一个椭球面，距地心有10个地球半径。而在背日面形成一个圆柱状的长尾，圆柱半径约等于20个地球半径，长度至少等于几百个地球半径。在持续挤压地磁场的同时，太阳风也会破坏地磁场。因为太阳风是等离子体和“冻结”在一起的太阳磁场的混合体。如果两个磁场，它们磁力线的方向相反，相互接触时就有可能会发生磁场重联效应，同时释放出磁能。如果太阳磁场的方向如果是从北向南，与地磁场的方向正好相反，就可能在向日面发生磁场重联，从而在地磁场这层防护网上撕开一个大口子，让来自太阳的高能粒子长驱直入。太阳耀斑爆发时引起的带电粒子流所携带的磁场比太阳风磁场更强，如果与地磁场发生重联。磁重联造成的影响之一，就是开启一个通道，高能带电粒子就会顺着重新粘贴的日地磁力线进入地球大气层内部。当然，即便是侵入大气层深层的带电离子，仍然会被更内层的地磁场束缚住。20世纪初，挪威空间物理学家斯托默从理论上预测在地球周围存在一个区域，聚集了被地磁场捕获的高能带电粒子。后来，观测证实地球周围确实存在高能粒子聚集的环带，即著名的“范艾伦辐射带”（图9-13）。

图 9-11　受太阳风影响的地磁场示意图

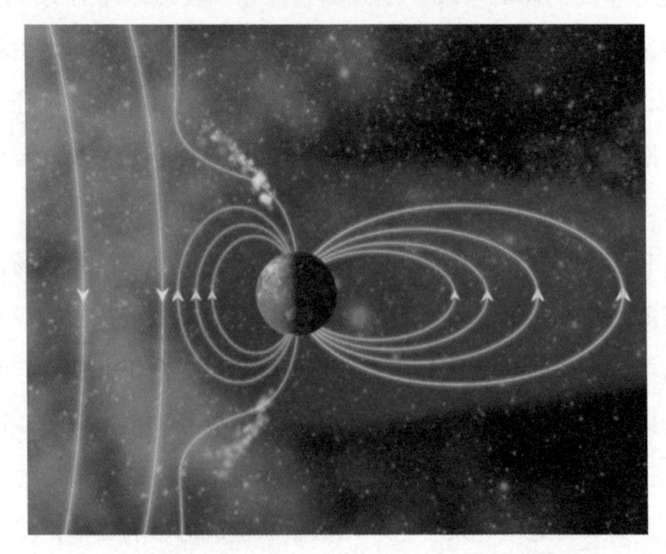

图 9-12　太阳磁场与地磁场发生重联示意图
（左：绿色太阳磁场；右：地球磁场）

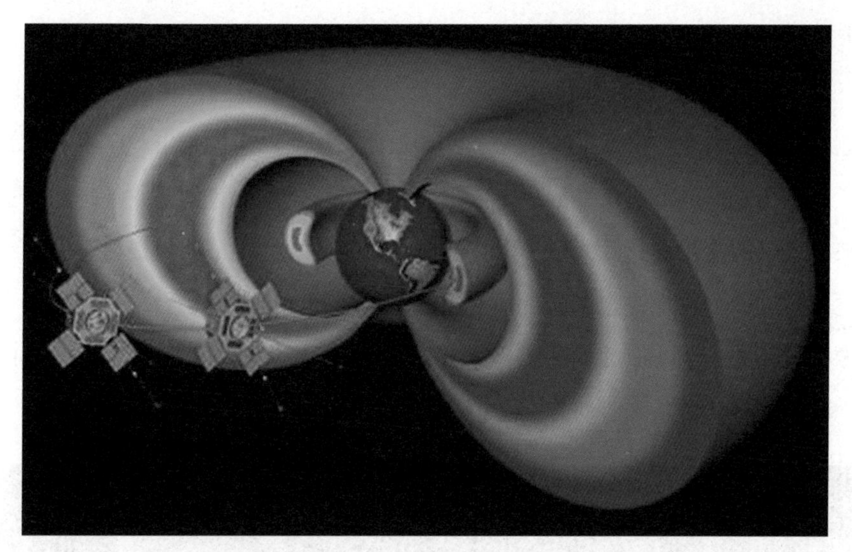

图 9–13　范艾伦带
（左：三维艺术图，分内带和外带；
右：横切面上的大小红色月牙就是内带和外带）

范艾伦是美国著名的物理学家，曾经领导研究V2导弹，为美国太空探索积累了宝贵的经验，还参与了美国首颗人造卫星的研制项目。范艾伦从小就有太空梦，对高能宇宙射线和高能粒子感兴趣。1958年1月31日，美国宇航局发射了第一颗人造卫星“探险者1号”，上面就携带由范艾伦设计的盖革辐射计数器，用来探测高能粒子。随着卫星升空，计数器指数逐渐增加。但是当卫星升到800千米以上时，盖革计数器的读数突然变为零。1958年3月26日，“探险者3号”卫星升空，盖革计数器又发生了同样的情况。范艾伦猜想，盖革计数器的异常，并不是高能粒子在高空突然消失，反而是由于粒子数目太多，超出了计数器的运算能力，导致“假死”。由此，他给计数器加了一个铅质外壳。这样就只有少数高能粒子能穿透外壳，从而被盖革计数器记录，就像我们戴上墨镜看太阳，只有少数的光能穿透墨镜一样。1958年7月26日，新式盖革探测器随“探险者4号”火箭一起升空。等火箭升空到1000千米高度以上，这次探测器没有“假死”，而是记录到高能粒子数量急剧增加。范艾伦认为，在1000千米以上的空间存在着强高能微粒带。

为了确定辐射带的成因，1958年8月，美国进行了“阿格斯计划”的实验，在地面数百英里上空引爆了一颗原子弹。根据核爆所产生的带电粒子的分布，证实了地磁场是形成范艾伦带的决定因素，带电粒子的主要来源是被地球磁场捕获的来自太阳的能量高达几兆电子伏特的电子以及几百兆电子伏特的质子。后续的卫星观测进一步发现，这个微粒辐射区甚至扩展到几个地球半径之外，整个形状就像是以地球为圆心的甜甜圈（图9–14）。基于范艾伦对发现这一辐射带的贡献，科学界将其命名为“范艾伦辐射带”。

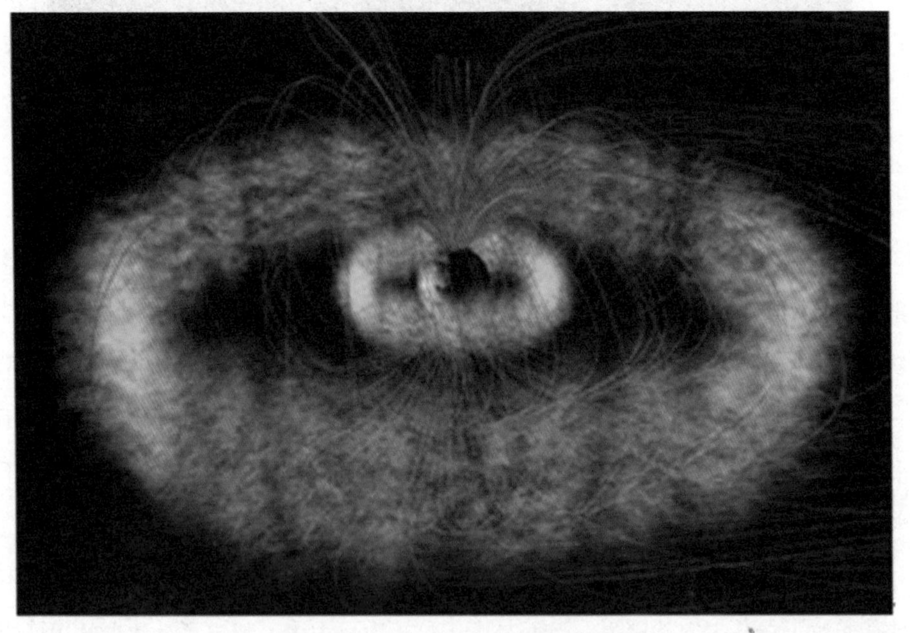

图 9–14　范艾伦辐射带示意图

太阳高能带电粒子虽然来势汹汹，但一旦进入地磁场，由于受到洛伦兹力的作用，会被磁力线束缚住，乖乖得在地球两极之间运动。带电粒子在地磁场中运动的过程中，会与空气分子发生碰撞，损失能量。随着能量损失得越来越多，带电粒子能够活动的范围越来越小，最终被束缚在一个区域内，形成了范艾伦辐射带。正是地磁场和地球大气一起携手禁锢了这些高能太阳粒子，保护了地球安全。

但是，我们不能因为这些高能粒子被地磁场束缚住就丧失警惕。1998年5月，太阳爆发产生大量高能带电粒子进入地球磁层，这导致在范艾伦辐射带的内层与外层之间出现一个全新的范艾伦辐射带。太阳活动回归平息时，这条新的范艾伦辐射带也随之消失。这段时间里，许多人造卫星受到干扰或破坏，例如“银河4号”人造卫星、“铱星”人造卫星等。美国GALAXY-4通讯卫星由于内部充电而失效，造成美国80%的寻呼业务停止，通讯中断。如果是载人飞船受到这样的破坏，将可能失控，后果不堪设想。

高能带电粒子不但会损坏电子器件，我们人类如果受长期过量的辐射积累，会造成机体器官、组织的损伤，感觉不适、导致各种疾患，甚至危及生命。1968年12月21日，“阿波罗8号”探月飞船升空（图9-15），几名宇航员成为第一批穿越范艾伦辐射带的人类。根据预测，辐射带对人的影响和一次普通的胸腔X射

图 9-15　阿波罗 8 号绕月飞行时拍摄的地球照片

线检查产生的辐射（1微格雷）相当。三名宇航员都穿戴了个人辐射放射量测定器以及三个胶片放射量测定器以显示累计辐射量。任务完成时，三人平均辐射量仅为1.6微戈瑞（戈瑞是辐射单位，表示每千克物质吸收的辐射能量），与预测

相符。但实际上，阿波罗号飞船在往返月球途中经过的是范艾伦辐射带最薄的部分，通过辐射密集地区的时间非常短。1989年10月19日，美国航天飞机上的航天员在舱外执行发射伽利略卫星任务时，突然感到了眼底的闪烁，于是停止工作，紧急回舱躲避，逃过一劫。这正是当时太阳质子事件带来的高能粒子打在航天员视网膜上引起的，如果航天员不采取紧急躲避措施，结局可能就是一场航天悲剧。

辐射损伤是一种累积效应，其损伤程度与辐射剂量的多少有关，也就是辐射强度和积累时间有关。所以，一个航天器需要有抗辐射的壳体设计，航天员到外太空需要穿戴宇航服，其目的都是为了力求阻挡或者减少航天器设备和航天员遭受高能带电粒子辐射的损伤。现在的常规载人飞行器，如空间站，都运行在300千米到500千米的低地球轨道上，有航天器舱壁和航天服等屏蔽防护，再加上飞行时间一般比较短，通常情况下空间辐射对航天员的危害并不大。但是，对于载人飞行到近地轨道之外的任务，包括NASA“火星之旅”、SpaceX的定期飞往火星计划、我国的载人登月等未来计划，失去了地球磁场的保护，宇航员将长期暴露在太空辐射中，太阳高能带电粒子的影响会更加严重。

三、太阳风暴造成地球磁场变化

地磁场能够屏蔽太阳风中的高能带电粒子流。太阳风被阻挡在地磁场以外，就会绕过地球继续前行。地磁场的最外层就变成了一个被太阳风包围的区域，这就是磁层。磁层的向阳面称为磁层顶，背日面即磁尾。地磁场在抵抗太阳风的同时，也受到太阳风的持续压制，整体就变成头大尾细长的彗星状。如果来自太阳的行星际磁场与向日面的地磁场方向相反，它们之间会发生重联作用，将太阳磁场和地磁场的磁力线“粘贴”在一起，形成扎根在地球南北磁极，另一端在无限远的全新“太阳—地球”磁力线。在太阳风的吹拂下，新“太阳—地球”磁力线会绕过地球，飘向背日面。由于太阳风与地磁场的相互作用，会形成两个特殊的位置，南北半球各一个，位于纬度约60度处，地磁场在此处形成漏斗状的极尖区，被地磁场束缚的带电粒子会沿漏斗一直注入到地球大气深处（图9–16）。

图 9–16　磁层和极尖区

太阳耀斑或日冕物质抛射等爆发活动产生的高能等离子体流，速度比高速太阳风更高，能携带更强的磁场冲击地球磁层，导致地球附近高能带电粒子的密度和速度增大，磁层也随之被压缩，磁层顶可能离地心只有6～7个地球半径。强太阳磁场会在磁层顶发生重联作用，新产生的“日—地”磁力线又可能会在磁尾发生重联，将巨大的能量倾泻到磁尾的大尺度空间中，加速磁尾中大量的带电粒子注入环电流中，使环电流强度发生变化，而变化的电流又产生磁场，从而引起全球范围的剧烈地磁变化——地磁暴。

在19世纪30年代，德国科学家高斯和韦伯监测地球磁场变化时，就发现地磁场经常有微小的变化，但当时他们并没有认识到这是由太阳引起的。我们人类第一次认识到地磁暴，是在1859年9月1日，即人类第一次观测到了太阳耀斑（卡林顿耀斑）的几分钟后。英国格林尼治天文台和乔城天文台都测量到了地磁场强度的剧烈变动。17个半小时以后，地磁仪的指针因超强的地磁强度而超出了刻度范围。

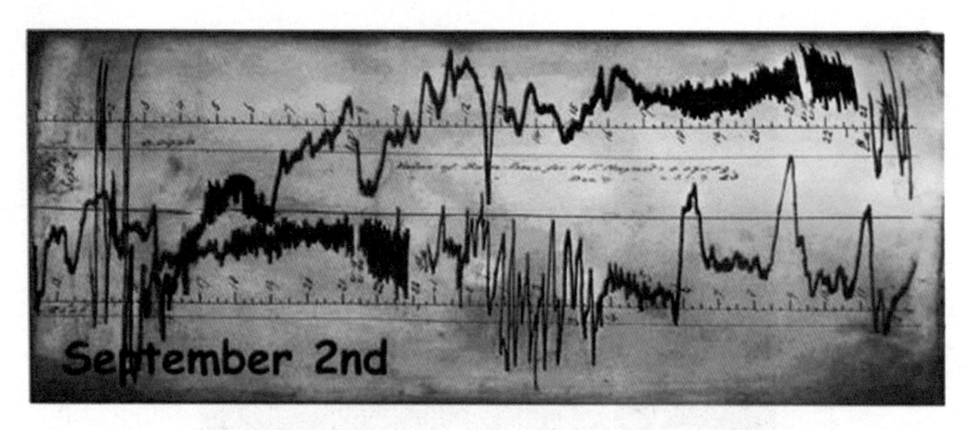

图 9–17　英国皇家协会记录的“卡林顿事件”中地磁场的强烈波动

现在我们已经知道，卡林顿耀斑爆发几小时后发生的地磁扰动，是一些以近光速运动的高能粒子到达地球时引起的。第二天发生的超强地磁扰动，则是由较慢的粒子触发的，这些粒子携带着太阳耀斑释放的大部分能量。耀斑引起的高能粒子到达地球的快慢标志着冲出太阳时所具有的能量高低。通常，一次耀斑爆发之后，粒子到达地球的时间大约是30小时。卡林顿耀斑事件中，粒子到达地球的时间只有17个半小时，这是有记录以来第二快的粒子流。最快一次发生在1972年8月，高能粒子流到达地球的时间仅花了14个半小时。

太阳爆发造成的高速等离子体流到达地球时，磁层就被突然压缩，这种变化表现为地面磁场增强，标志磁暴开始。一次典型的磁暴，磁层从太阳所获得的总能量可达3个地球半径之外的地球磁场的总能量的十分之一。可见，磁暴期间地磁场强度变化是多么剧烈！

虽然地磁暴中有一个“暴”字，却与我们平时看得见听得着的雷暴有本质区别。整个地磁暴期间，我们看不见闪电，听不着雷声。但是，地磁暴的影响范围可比雷暴天气大多了，动辄上千万平方千米的范围内都会出现地磁波动。地磁暴发生时，我们人类基本不会直接受其影响，但具备感知与识别地磁场能力的动物，比如候鸟、鸽子、鱼类以及一些昆虫来说，发生磁暴时就可能迷航甚至威胁其生命。更为重要的是，虽然我们人类自身基本感应不到磁场变化，但我们生活中重要的组成部分，各种现代化电子设备，包括卫星、导航、通讯、电网等，对地磁暴非常敏感。

1998年5月的一次太阳爆发引起的地磁暴，就造成美国的银河4号通信卫星失效，导致美国80%的寻呼业务损失，德国的科学卫星被破坏等。磁层被剧烈压缩时，磁层顶甚至会低于地球同步轨道，使人造卫星、空间站等暴露在高能带电粒子中。2003年的万圣节期间，太阳上连续爆发耀斑，造成Polar卫星自动重启，高压电源被损坏，24小时后才恢复正常。NASA的火星探测卫星Odyssey飞船上的MARIE观测设备被高速带电粒子彻底毁坏，这次事件也是空间设备第一次因太阳风暴而报废！

在磁暴期间，大量高能带电粒子通过极尖区侵入电离层，使电离层受到比太阳高能光辐射增强更大的扰动，称为电离层暴。电离层的电子密度发生变化，改变电离层的临界频率，使无线电通讯受到严重干扰，不仅地面通讯受到影响，甚至还影响到电离层以外的卫星等空间设备与地面、航空和航海通讯。而且，磁暴引起的电离层暴可持续好几天，远比太阳高能光辐射增强引起的电离层变化更严重和持久。当地磁暴发生时，还会引起全球高层大气温度增加，导致大气密度陡增，卫星的飞行阻力会突然加大，由于卫星自身没有动力装置，从而导致其偏离预计航道，甚至提前掉入低层大气而陨落。

地磁场的剧烈变化不但会把地球高层大气搅和得天翻地覆，还会破坏地面电力系统。强磁暴破坏地面电力系统的原理就类似我们常见的发电机，通过变化的磁场产生电场。不管是火力发电，风力发电，还是水力发电，或者小型的柴油机发电，通过机械带动磁场变化产生电流。地磁暴期间，地磁场会发生剧烈扰动，变化的地磁场在高压、超高压输电系统、长距离输电线路甚至长距离输油管道等与大地构成的回路中产生感应电流。这个超级发电机产生的强电流会超出电路终端和变压器的承受能力，极端情况下会使其烧毁而造成永久损坏，使整个“电网”系统崩溃，从而引发大面积停电事故。

太阳风暴引起的大面积的停电事故，这对于我们高度发达的现代化电磁社会来说，是最致命的影响。最典型的例子，发生在1989年3月。

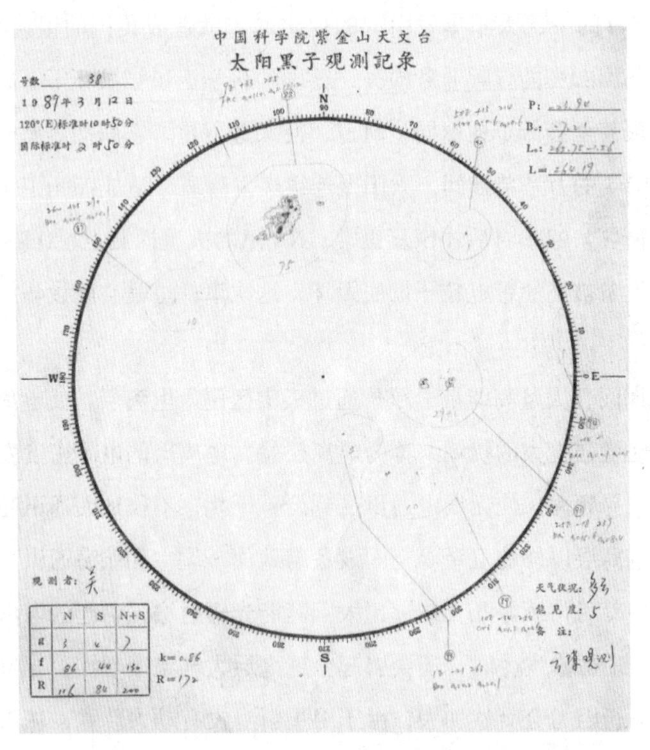

	N	S	N+S
g	3	4	7
f	86	44	130
R	116	84	200

图 9–18　1989 年 3 月份 巨大黑子群（标号 75）
紫金山天文台手描黑子图纸

1989年3月份，当时在太阳上出现一个巨大的黑子群（图9–18），其大小相当于54个地球。在3月6日至19日中，太阳上共发生了多达195次耀斑爆发，其中有11次为强烈的X级耀斑。3月10日，美国SMM卫星探测到太阳上爆发一个强日冕物质抛射正向地球涌来。3月13日，强地磁暴开始后不久，强大的地磁感应电流就使得加拿大魁北克省詹姆士湾地区电网中的77个电压调节设备在59秒内相继失效，电网中的电压增加了大约15%。电压的突然变化引起了周边电网的多米诺骨牌效应：向蒙特利尔输电的5条高压输电线瘫痪，有些输电线上还出现了电火花，电网正常工作的其他部分进入了超负荷状态。在希布加莫，两台大型变压器退出服务。丘吉尔瀑布发电厂和马尼夸根-乌塔尔德发电厂因为超负荷保护而自动停止工作。在90秒内，魁北克地区的电网彻底崩溃，除了无法继续为本区供电外，也无法为新英格兰地区电网输电。事后，加拿大政府追加13亿加元来改良变压器，防止类似事故再次发生。

1859年9月1日发生的卡林顿耀斑，虽然规模是人类有记录以来的最强的。但由于当时全世界的电磁网络刚刚起步，造成的影响反而要比1989年3月的太阳风暴小。当时，用于远距离通信的有线电报网初具规模。在“卡林顿事件”期间，法国、加拿大等国的电报机就被强电流冲击而烧毁。地磁感应电流的强度之大，足以让费城和波士顿间的电报线路在关闭电源后却仍能继续工作！

第三节　太阳风暴带来的绝美“礼物”

太阳磁场与地磁场之间的磁场重联在地球大气中释放的能量，足以与世界各国发电厂所产生电量的总和相当。这些能量会改变大气层带电粒子密度，搅乱无线电通讯。磁层顶被太阳风暴挤压得更加扁平，在地表的闭合电路（比如长途输电线路、输油管道和长途电话线等）中产生强力电流，使终端电器突然受到强电流冲击而直接被损坏，电力传输受到严重干扰，甚至直接破坏电力系统。太阳风暴带给我们无尽破坏的同时，也留给我们一段最美的礼物——极光。

极光是地球上最漂亮的奇观，还没有哪种自然现象能与之媲美。极光有时犹如焰火在空中闪现一下就消失得无影无踪；有时却可以辉映整个天空几个小时。有时像一条彩带，有时像一团火焰，还会像一张五光十色的巨大银幕，有时稳定不动，有时连续变化。形态不一，多种多样，是一场光与影的盛宴，是最极致的美的享受，任何笔墨都难以描绘。

图 9-19　上图：2016 年 3 月 14 日拍摄的北极光；下图：2015 年 11 月 12 日，在挪威北部小城希尔科内斯拍摄的极光

极光一般只在南北半球的高纬度地区出现。在零下几十摄氏度的冰晶世界上空，飘荡着五彩缤纷、变幻莫测的炫目之光，增加了几许庄严、几许神秘。自古以来，极光一直是人们猜测和探索的天象之谜，离北极光最近的爱斯基摩人就以为那是鬼神引导死者灵魂上天堂的火炬。我国古代的人们早在2000多年前就开始看极光，历史典籍里有丰富的极光记录。《山海经》中提到北方有个神仙，样子像一条红色的蛇，在夜空中闪闪发光，名为烛龙，这实际上就是极光。13世纪时，人们又认为极光是格陵兰冰原反射的光。极光的成因众说纷纭，无一定论。但，真相只有一个。

18世纪中叶，瑞典一家地球物理观象台的科学家发现，当观测到极光的时候，地面上罗盘的指针会出现不规则的方向变化，变化范围有1度之多，原来极光与地磁场的变化是有关联的。早在“卡林顿耀斑事件”之前，电报员们就已经注意到，一旦极光活动增强，电报信号中便会出现一些莫名其妙的错误电码，使电报网络在一段时间内无法正常工作，这都是地磁感应电流在捣鬼。卡林顿耀斑事件后，我们才意识到极光与太阳耀斑有直接关系，是太阳与地球合作导演的作品。1890年，挪威物理学家柏克兰试图解释极光的成因。太阳连续不断地向地球发射带电粒子。这些粒子被地磁场挡住后，便沿地磁场边缘向四周扩散，寻找可以钻入的空隙。地磁场在南北磁极是漏斗型，约有1%的粒子可以钻入磁极附近的大气层，在100千米的高空与大气层中的分子或原子相撞。地球大气的分子或原子可以吸收太阳粒子的能量，如果又将能量释放出来，就可以产生不同颜色的光，氧分子会发出绿色和红色的光，而氮则发出紫、蓝和一些深红色的光。这些缤纷的光就组成了绮丽壮观的极光。

柏克兰的猜测已经很接近真正原因。到了20世纪60年代，通过将极光与卫星和火箭的太阳观测资料结合起来研究，逐步形成了现代极光物理描述。概况来说，极光是地球大气、地磁场和太阳风三合一的产物。

不管是耀斑等爆发活动造成的高能带电粒子流，还是普通的太阳风带电粒子流，都无法直接穿越地磁场，都被屏蔽在大气层之外。但是，太阳磁场会通过与地磁场的磁场重联，在磁层向日面（即磁层顶）打开一个缺口。原本被拒之门外的太阳高能粒子就可以“明修栈道，暗度陈仓”进入磁层。与此同时，这些重新“粘贴”的日地新磁力线被太阳风吹拂到磁尾后，又会再次发生磁场重联，释放的能量加速磁尾的带电粒子。这些粒子也会沿磁力线进入地磁场。

地磁场不会容许这些高能带电粒子随便侵入地球，会把它们束缚住，只能沿磁力线运动。当包括太阳高能粒子和磁尾加速粒子在内的高能带电粒子如果运动到南北两极的极尖区，会沿漏斗型磁场结构涌入更低层的大气中。地球的宇航服——大气层，即可以保护地球生物免受高能光辐射的伤害，也会拯救地表生灵免受高能带电粒子的损害。空气分子或原子会勇敢地与这些不速之客迎面碰撞，阻挡它们继续向地表冲击，并趁机吸收能量。大气分子或原子吸收高能粒子能量后，绕原子核高速旋转的电子就“鲤鱼跳龙门”，从低能态跃迁到高能态。然而，毕竟是借助外来力量达到高能态，这些名不正言不顺的电子无法长期稳定在高能态，很快把吸收的能量释放出来，恢复原形。这些能量是以光子形式释放的，不同能量的光子就对应不同波长的光，从而会产生绚丽多彩的光芒，这就是极光。

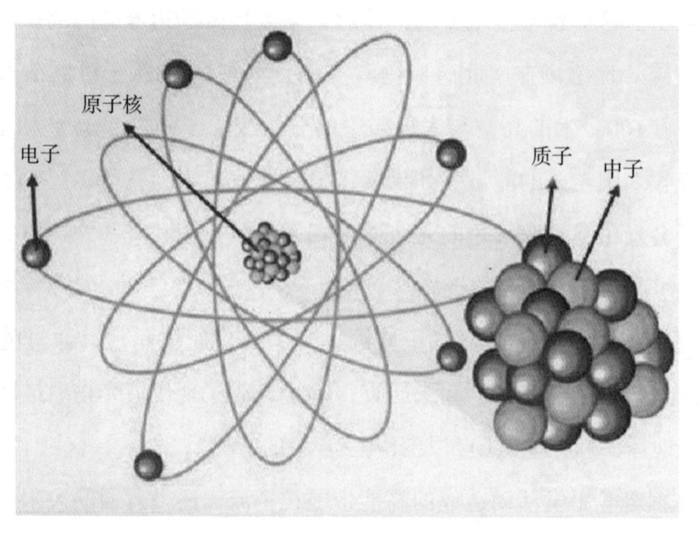

图 9–20　原子结构示意图

极光颜色丰富多彩，以绿色为主，其次是粉色（少量绿色+红色）、纯红色和黄色（红色+绿色），最罕见的是纯蓝色。科学家发现，极光的颜色、形状和高度等是由太阳粒子的能量、地球大气原子和分子在不同高度的分布状况，以及大气中原子和分子本身的特性和大气密度分布决定的。入射粒子的能量高低决定了它们被漏斗磁层注射的深度，即极光最低边界的高度。一般来说，极光下边界离地面不到100千米，上边界离地面300千米左右，有时候也可高达560~1000千米以上。而大气成分随高度的变化决定了入射粒子可能会撞击到哪种原子或分子，能够产生什么颜色的极光。接近地表，大气中78%是氮分子，21%为氧分子，组成均匀，变化不大，直到100千米为止都是如此。在更高处，太阳高能辐射将大气分子电离，分解成原子与电子。不同种类的原子受到重力影响而产生不同的分布，较轻的原子会分布在上层，重一些的原子则落在低层。因此，在大气层的最顶端，氢与氦原子占了大部分；再往下，氮分子的数目最多，其余主要是氧原子和氧分子；更下层，则主要由氧分子和氮分子。

知道了地球大气成分随高度的分布，我们就能知道极光颜色随高度的变化。高能粒子在极尖区侵入大气层的高度主要在100~200千米，极光的颜色主要由氧原子所贡献，激发的氧原子会发出绿光和红光。如果有更高能的粒子冲击到距离地表60千米甚至更低的位置，就会与大气中的氮气发生碰撞，就有机会看到罕见的红蓝色极光。而在大气的最高层，氢与氦原子也会产生极光，不过这些光十分微弱，不容易见到。这就是为什么我们看到的极光主要发生在300千米左右的中高层大气，以红和绿色光为主。

如果我们乘着宇宙飞船，越过地球的南北极上空，从“上帝视角”看极光，会发现极光并不是弥漫在整个极区上空，而是像一个闪闪发亮的彩色光环围绕地球磁极（图9–21），尤其是地球午夜部分的光环，最宽最明亮，就像是地球戴上了王冠。极光经常出现在南北磁纬67度附近的环带状区域内，称作南（北）极光区。阿拉斯加的费尔班一年之中有超过200天的极光现象，被称为“北极光之都”。

地球磁场受太阳风的影响，向太阳的一边被压扁，而背太阳的一边却被拉伸，因此整个极光环也呈现出头宽大尾细长的卵形，又叫作极光卵（图22）。极光卵处在连续不断地变化之中，时明时暗，时伸时缩。这是由于太阳耀斑和日冕物质抛射以及冕洞等直接影响太阳风暴的强度和速度，间接影响了极光的强弱。极光卵所包围的内部区域（又叫极盖区），几乎不会出现极光；而在中低纬地区，尤其是近赤道区域，也很少出现极光。然而，很少出现，并不等于不会出现。如果太阳风暴出乎意料的强烈，就会引起全球性的极光。比如，卡林顿耀斑爆发后，地球上就曾经出现过一次超级极光，当时极光一直蔓延到北纬25度区域。

在美国西北部地区，明亮的极光甚至可以让人们在夜间轻松地看报。在落基山脉，极光照亮了天空，矿工们误认为新的一天已经到来。当时，我国人民也有幸看到这次超级极光，比如河北省石家庄市栾城区的地方志《栾城县志》中，就记载了这次罕见的极光："清官咸丰九年……秋八月癸卯夜，赤气起于西北，亘于东北，平明始灭。""赤气"就是指这次极光。距离地球赤道更近的夏威夷、墨西哥等地，也有观测到这次超级极光的记录。

2000年4月6日晚，在欧洲和美洲大陆的北部，出现了极光景象。在地球北半球一般看不到极光的地区，甚至在美国南部的佛罗里达州和德国的中部及南部广大地区也出现了极光。当夜，红、蓝、绿相间的光线布满夜空中，场面极为壮观。2003年的万圣节期间（10月26日~11月4日），太阳上连续爆发的一系列耀斑，产生超强太阳风暴袭击地球，造成的极光在北纬30度区域都可以看到（图9-23）。

我们尽情欣赏极光，赞叹它的妖娆，惊叹它的美丽，这是地球怒怼太阳后的庆祝焰火！但我们也不要遗忘，在极光美丽身影的背后，掩藏着的巨大危险。

图 9–21　太空看极光（NASA）

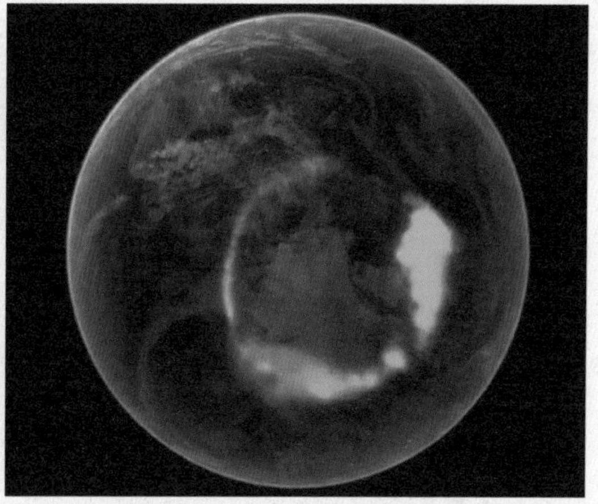

图 9–22　极光卵（NASA）

图 9–23　2003 年“万圣节事件”：美国俄克拉何马州（北纬 33 度）的极光

后 记

太阳

一直在你头上

你可曾去注意到它

它一直陪着你，无论你是谁，过得如何

从始至终

不离不弃

——节选自海子《夏天的太阳》

我生在一个普通的农村，从小听着牛郎织女的故事，数着满天繁星长大，喜欢探索大自然，对头顶这片星空有着发自内心最淳朴的喜爱，也对星空产生了各种疑问：天上的星星为什么会分布得错落有致？太阳东升西落为什么一直不变？月亮为什么会有从镰刀变成小船再到“白玉盘”的变化？转瞬即逝的流星是一颗星星落下来了吗？其他星星上是不是也住着人？……满腹的疑问，却得不到解答。为了寻找答案，自己最终选择了天文研究这条道路。

我现在的研究专业是太阳物理。最初，我的目光更多关注的是宇宙、星座、外星人、不明飞行物等。随着天文知识的增加和深入，一颗最熟悉也最容易被遗忘的星球——太阳——开始在心中升起。浩瀚宇宙中有数不胜数的恒星，但对地球来说，太阳是最重要的一颗。太阳对地球从不吝啬，它无偿付出的光和热是地球生命的源泉。然而，慈祥的太阳公公也有狂暴的一面。太阳上的耀斑、日冕物质抛射等会把强烈的太阳磁场和大量高能粒子抛向行星际空间，这些磁场和高能粒子如果冲击地球，会影响甚至破坏我们以电磁为基础的现代化生活。

不管是慈祥的太阳，还是狂暴的太阳，对我们地球都有重要的不能忽视的影响。慈祥的太阳为我们熟知，却用炫目的光芒遮盖了它狂暴的真面目。随着对太阳研究的深入，我对太阳的狂暴有了更清醒的认识。但对大众而言，太阳的慈祥是直观感受，太阳的狂暴却很难感同身受。正因如此，我在进行研究太阳的同时，也积极开展天文（主要是太阳）科学传播活动，尤其是科普最新最前沿的太阳研究内容，让大众全面认识太阳。积累了一定的科普经验后，萌生了写一部太阳科普书的想法，并得到了朋友们的大力支持。

虽然有科普经验做基础，但真正动笔写作的时候，才深切感受到“书到用时方恨少”。幸运的是，紫金山天文台的师长和同事，以及天文爱好者朋友们给了我支持和帮助。我的研究生导师季海生研究员，热心天文科普，关注本书写作，在百忙之中修改文稿，坚定了我完成本书的决心。南京大学商学院蒋春燕教授也给予热心关怀。蒋教授热爱自然，喜好天文，一直关注本书写作。感谢我的天文科普领路人陈向阳老师，本书从立项到成书的整个过程，陈老师全程参与，关注写作进度，协调需求，保障本书顺利完成。太阳科研圈众多好友积极响应本书写作，或提供图片，或提出建议。天文爱好者朋友们则给予力所能及的帮助，为我提供了大量的原创天文图片，丰富了本书内容。

本书获得中国科学院科学传播局科普图书项目的支持，感谢南京市圆梦青少年发展基金会，感谢南京大学出版社。

周团辉

2021于紫金山天文台